蒜头

蒜薹

糖蒜

黑蒜

蒜片

蒜米

蒜泥

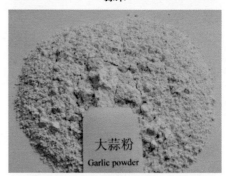

蒜粉

蒜油

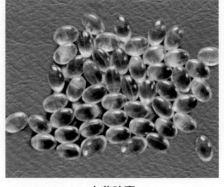

大蒜胶囊

华夏古县　文化兰陵　天下菜园

苍山大蒜

◎ 付成高　主编

中国农业科学技术出版社

图书在版编目（CIP）数据

苍山大蒜 / 付成高主编 . —北京：中国农业科学技术
出版社，2020. 12

ISBN 978-7-5116-4826-6

Ⅰ.①苍…　Ⅱ.①付…　Ⅲ.①大蒜—介绍—兰陵县
Ⅳ.①S633.4

中国版本图书馆 CIP 数据核字（2020）第 257519 号

责任编辑　王惟萍
责任校对　贾海霞

出　版　者　中国农业科学技术出版社
　　　　　　北京市中关村南大街12号　　　邮编：100081
电　　　话　（010）82106625（编辑室）　（010）82109702（发行部）
　　　　　　（010）82109709（读者服务部）
传　　　真　（010）82106625
网　　　址　http: // www.castp.cn
经　销　者　各地新华书店
印　刷　者　北京富泰印刷有限责任公司
开　　　本　710mm×1 000mm　1/16
印　　　张　8.5　　彩插4面
字　　　数　162千字
版　　　次　2020年12月第1版　　2020年12月第1次印刷
定　　　价　39.80元

《苍山大蒜》

编委会

前　言

　　兰陵县位于山东省南部，与江苏省邳州市相邻，总面积1 724km²，耕地面积161.7万亩，人口147万人。2020年全县蔬菜播种面积117万亩，总产量484万t，总产值96.6亿元。全县形成了比较完善的市场体系，建成了各具特色的蔬菜专业批发市场123处，其中年成交亿千克以上的12处；兰陵县自20世纪80年代发展起来的农民运销队伍现已达30万人，蔬菜运输车辆5万多台，闯出了"买全国、销天下"的蔬菜经营路子；兰陵县还是全国最早利用恒温技术储存蔬菜的地区之一，现已建成500多家蔬菜加工储藏企业，年储藏加工能力100万t。

　　兰陵县被誉为"山东南菜园"，被命名为"中国蔬菜之乡""中国大蒜之乡""中国牛蒡之乡""中国食用菌之乡"，被评为"全国蔬菜产业十强县"、全国无公害蔬菜生产基地县、国家级出口食品农产品质量安全示范区、国家农业标准化示范区、全国蔬菜产业十强县、全国优质大蒜生产示范基地县、中国果菜无公害十强县、中国果菜加工十强县、山东省县域经济十大高效农业聚集园区、山东省农产品质量安全示范县。全县通过三品一标认证的蔬菜产品达到357个，苍山大蒜、苍山辣椒、苍山牛蒡获地理标志产品保护。全县农民收入的60%以上来自蔬菜，蔬菜产业已经成为农民增收的支柱产业。

　　苍山大蒜有近2 000年的栽培历史，以其头大瓣少匀称、皮薄洁白、黏辣郁香、营养丰富、药用价值高等特点享誉国内外。其副产品蒜薹也以其特有的香、脆、甜、微辣、耐储等特点深受中外消费者青睐，是山东省著名土特产。适宜的栽培环境、传统的种植习惯，使大蒜成为兰陵县重要的蔬菜种植品种，对全县农民增收有着举足轻重的作用。经过多年的发展，全县大蒜播种面积稳定在30万亩左右，带动多家大蒜储藏、加工企业，大蒜及大蒜系列产品已成为兰陵县的主要出口创汇产品。被国家商标总局核准注册"产地证明商标"；被国家质检总局核准使用"地理标志产品保护"标志；1999年获昆明世博会银奖；在全国600多个

主要品牌农产品价值评估中以47.43亿元列"中国农产品区域公用品牌百强"第七位。

县委、县政府高度重视大蒜产业的发展，要求全县各有关部门要加大扶持、服务、宣传力度。为此，县蔬菜产业发展中心的技术人员结合当地大蒜生产实际，总结当地蒜农种植经验，请教了高校和科研院所专家，参考和引用国内外大蒜生产经验，完成了《苍山大蒜》的编写工作，该书紧扣"苍山大蒜"生产加工的实际，供广大农民和加工企业参考使用。

由于编者水平有限，且受水平、经验限制，书中难免有不足之处，敬请专家、同仁和广大读者提出宝贵意见和建议。

编　者
二〇二〇年十二月

目　　录

第一章 概 述

一、概况

苍山大蒜是山东省著名的土特产品，有着悠久的栽培历史。它是在兰陵县特定的生态环境条件下，经过长期的自然选择、人工的定向培育而形成的兰陵县特有品种。具有头大瓣匀、皮薄洁白、黏辣郁香、营养丰富等特点，在国内外享有盛誉。苍山大蒜距今近2 000年的栽培历史，常年播种面积30万亩^①以上。主要分布在神山镇、磨山镇、芦柞镇、长城镇、卞庄街道、南桥镇、苍山街道、庄坞镇、大仲村镇、兰陵镇等10个乡镇（街道），其中神山镇、磨山镇、长城镇、芦柞镇4个镇的种植面积最大，神山镇和庄村和白泉村一带种植的大蒜品质最优，是苍山大蒜的发源地。全县农民1/4的收入来自大蒜。

苍山大蒜属薹、头兼用型大蒜，主要有糙蒜、蒲棵、高脚子三个品种。蒜头四、六瓣，头大瓣少匀称、皮薄洁白、黏辣郁香、营养丰富、药用价值高等特点享誉国内外，尤其适合深加工。其副产品蒜薹也以其特有的香、脆、甜、微辣、耐储等特点，深受中外消费者青睐。"苍山大蒜"是山东省著名土特产品，被国家商标局核准注册"产地证明商标"，被国家质检总局核准使用"地理标志产品保护"标志，被国家认定为无公害农产品；大蒜及加工品在1999年昆明世博会获银奖；山东省第一届品牌评价为山东十佳知名品牌；参加了由国家工商总局和世界知识产权组织（WIPO）在北京人民大会堂联合举办的"世界地理标志大会"，被列入世界地理标志品牌之一；兰陵县被国家列为优质大蒜生产基地县、优质大蒜出口基地县，被命名为"中国大蒜之乡"。

苍山大蒜营养丰富，药用价值高。农业农村部食品质量监督检验测试中

---

① 15亩=1公顷，1亩≈667平方米。

心（济南）对"苍山大蒜"重点产区的糙蒜、高脚子和蒲棵3个品种进行化验分析，在每百克鲜蒜中含蛋白质6.99%、脂肪0.34%、粗纤维0.6%、抗坏血酸7.44mg、硫胺素（B_1）0.159mg、核黄素（B_2）0.49mg、挥发油0.2%；氨基酸的含量在100g干物质中，已测定到的17种氨基酸，总量为6.12g，高于国内其他品种。所含无机矿质营养元素主要有钾、钙、镁、铜、钠、锌、锰、铁、硼、硒、锗等，尤其钾的含量较高，达726mg。江南大学对"苍山大蒜"的生理功能检测比较，其中锗、核黄素、总氨基酸、抗坏血酸、硫胺素、大蒜油含量都高于同类产品。调查表明，兰陵县的胃癌发病率为总人口的3.4/10万，是长江以北10万人口以上的县、市中胃癌发病率最低的一个县。

全县500多家蔬菜储存加工企业，年储藏加工能力100万t以上，80%以上与大蒜有关。主要储藏保鲜蒜头、蒜薹，加工产品有蒜粉、蒜粒、蒜片、蒜油、蒜水饮料、蒜盐、蒜酱、蒜汁、白糖蒜、速冻蒜米、大蒜营养液、饲料添加剂预混剂等系列产品，产品销往全国各地，并出口日本、韩国、欧美、东南亚等50多个国家和地区。经过多年的发展，"苍山大蒜"已走上了产加销、贸工农一体化的路子，创造了良好的经济效益和社会效益。

在各级党委、政府的领导下，广大科技工作者发扬"献身、创新、求实、协作"的科学精神，针对影响苍山大蒜生产和产品开发的关键问题，进行了较系统的研究。先后完成了"苍山大蒜的研究""大蒜综合利用技术研究""大蒜渣预混剂的研究与应用""200t/年大蒜渣预剂中试技术研究""三神牌大蒜营养液技术开发""蒜米复合保鲜剂及保鲜技术应用研究""大蒜分生组织培养脱病毒技术研究""脱毒大蒜中试技术研究""脱毒大蒜高产栽培技术研究""蒜蛆发生规律及防治技术研究""蒜薹贮存期病害发生规律及防治技术研究""大蒜病害发生规律及防治技术研究"等16项国家、省、市级计划项目，有8项填补了国内空白，3项达到国际先进水平，其余均居国内领先水平，为苍山大蒜的生产和发展、兰陵县农民的脱贫致富、兰陵县经济的快速发展做出了巨大的贡献。同时，推动了全国大蒜产业的发展，为同类地区提供了样板。

二、苍山大蒜起源与种植历史

大蒜的种植历史据《古今注》和《农政全书》考证，古代种植的蒜最初叫卵蒜。公元前119年，西汉张骞二次出使西域，从西域引进一种"胡蒜"，因其形态比我国原栽培的卵蒜头大，所以称为大蒜，卵蒜也就相对的被称为小蒜。据此推算，大蒜传入中国已有近2 000年的历史。

兰陵县种植大蒜则晚于西汉无疑。东汉崔实著《东观汉记》载："李恂，为兖州刺史，所种园小麦、胡蒜，悉付从事，无所留。"据《后汉书》载，李恂原东汉章帝（公元76—88年）时代人士，由西北来山东任刺史，带进部分胡蒜种，于官府后园种植，收获分赠下属人员。据此，东汉时期，山东普遍所种皆为小蒜，当时大蒜仍属稀有品种。由于大蒜比小蒜的产量高、蒜头大、味道好，于是在兖州附近开始田园种植，后逐步向外扩种推广，涉及济宁、嘉祥、泰安等地，进而引至兰陵县一带。

据《郯城县志》载，明朝万历年间，神山镇和庄一带，就已形成了大蒜集中产区。由此可知，苍山大蒜起源于西域，并由东汉李恂引入山东兖州，进而推广到兰陵县，逐步形成蒜区。在特定生态环境条件下，经过长期的自然选择和人工的定向培育而形成了"苍山大蒜"，距今近2 000年的栽培历史。

据调查分析考证，1949年前全县种植大蒜面积仅有3 000亩，蒜头亩产300～400kg，蒜薹亩产100～200kg。1949—1960年，种植面积仍不足万亩（0.8万亩左右），1976年不足2万亩，1983年增加到4.53万亩，1990年达到12.16万亩，1993年达到18.89万亩，其后多年都保持在18万亩左右，2001年突破20万亩。自2008年以来苍山大蒜始终维持在30万亩左右。蒜头产量一般每亩产800kg左右，高可达1 000kg以上。蒜薹一般每亩产600kg左右，高可达800kg以上。

三、兰陵县蒜区的生态环境条件

苍山大蒜品质优良，与得天独厚的自然生态环境条件是分不开的。

兰陵县地处鲁南沂蒙山伸延的南缘，位于北纬30°40′～35°05′，东经117°42′~118°18′。属暖温带季风区半湿润大陆性气候，四季分明，光照充足，冬夏温差较大，极有利于大蒜生长。苍山大蒜每年9月底至10月上旬播种，翌年6月收获，生育期240多天，经历秋、冬、春三个季节。苍山大蒜这一生育过程中平均气温9.1℃，比全年平均气温13.2℃低4.1℃。降水量266mm，占全年降水量899.3mm的29.6%。光照时数为1 696.8h，为年日照时数2 487.8h的68.2%，日照率58.3%（全年日照率56%）。相对湿度平均65.8%，低于全年70%的4.2%。无霜期200多天，冻土日数69.7天。由于温度、雨量、光照、湿度等气候因素适宜，

十分有利于大蒜的生长发育。尤其是兰陵县东部、南部主产区10个乡、镇数百个村庄的蒜田，多为沙姜黑土。这种沙姜黑土，从地貌上看，它分布于沂蒙山南缘的山脚下，属于河间洼地，系古代湖泊被沂河沙淤积的地貌。其成土母质为黄土性古河湖沉积物，来源于沂蒙山区的片麻岩、片岩等风化物。在长期的成土过程中，由于生物、水和气象因素的作用，人类的经济活动，对沙姜黑土的肥力演变，也具有重大的影响。兰陵县是一个古老的农业区，耕垦历史悠久，在长达2 000～3 000年的耕作活动中，人们通过挖沟排水，治理涝洼，耕作施肥，培肥地力等，使沙姜黑土逐渐向着早耕熟化的方面发展，具有冬季风化程度好，潜在养分积累多，质地为中壤粒状结构，干湿变化频繁，土体疏松绵软，吸光能力强，含钾量高，有机质、全氮含量亦相对高，酸碱适度，地下水丰富，上层潜水埋藏较浅，水质稳定，矿物质含量丰富等特点，为适宜种植大蒜的肥沃土壤。

中国农业科学院对兰陵县大蒜集中产区土壤的多点取样化验结果表明，其物理性状好。属偏碱性土壤，有机质丰富，含钾量高，含氮亦相对高，土壤的pH值为7.7～8.0，有机质含量1.8%，碱解氮1 135.79mg/kg，速效磷31.18mg/kg，速效钾223.8mg/kg。微量元素中代换量钙、镁、钠、速效锰、铁、锌、铜等含量都较高。产区土壤有效养分的含量和微量元素的含量不仅高，而且养分全面，能够有效地供给大蒜的正常生长发育，直接影响到单位面积产量的提高，同时也影响到产品品质的改进。

经测试化验，重点蒜区地下水位高，打开土层1.5～2m就有水。还有很多"肥水井"。如和庄井水中，含盐量高者达1 264.23mg/L，水中还含较多的钙、镁重碳酸离子，特别含硝态氮较多，为36.55mg/L。使用这些井水灌溉大蒜苗，有利于大蒜高产、优质。正如蒜农所说：碱水井种的蒜，产量高，蒜头大，品质好，黏度大，辣味重。

综上所述，苍山大蒜就是在这样一个得天独厚的自然生态环境条件下，经过长期的栽培种植、自然选择和人工定向培育，逐渐形成的地方特有品种。

第二章　苍山大蒜的生物学特性

一、植物学特征

大蒜植株由根、茎、叶、薹、鳞茎、气生鳞茎、花等部分组成。

（一）根

大蒜为浅根性蔬菜，根系为弦线状须根。播种前，大蒜种瓣基部的背面已形成根的突起，播种后根的突起迅速伸长，长成初生幼根，它是幼苗生长吸收水分和无机盐的主要根系，称为初生根。然后在种瓣腹面的茎盘外围陆续长出新根，称作后生根，后生根的多少决定幼苗生长的壮旺和苗期以后的生长速度。据实验观察，在适宜的条件下苍山蒲棵到越冬期，幼株总根可达25～30条根系，平均28条，根总长可达225cm，平均根长8.04cm，单根最长达17.5cm，鲜根重2～2.3g。越冬后至翌年2月中下旬气温回升至>1℃时，根的生长活动加快。烂母后至薹瓣分化期（4月上旬），单株根由返青期的30条增加到41.7条，总根长达到661.3cm，平均根长15.86cm，单根最长约30cm，根重5g上下。烂母后围绕茎盘其他部位着生的根叫作不定根。这一生育阶段标志着第2批新生根的大量长出。随着不定根的大量增加，至4月下旬薹生长中期，单株根多达到54.2条，总根长1 080cm，平均根长19.9cm。到露苞时单株根重11.7g，亩根重508.5kg，根的长度和重量达到高峰时期。提薹后大蒜基本不再长新根，且根量呈下降趋势。

大蒜的初生根、后生根和不定根共同形成地下根系。而且80%～90%的根系分布在5～20cm耕层、横展直径15～20cm。由于大蒜根部没有形成层，根的直径粗细在植株早期生长阶段各种因素的影响下即已固定下来。因此，在田间生长后期对初生根，后生根和不定根是很难鉴别的。观察测定的结果是，初生根和其他根系一样能在大蒜整个生育期间保持功能，供应其长成植株所需要全

部养分能力。

大蒜根系分布范围小，根毛又少，对水分、养分吸收力弱，因而对水分、养分反应敏感，表现为喜湿、喜肥之特点。大蒜的叶片虽具有耐旱性，但大蒜仍需种植在肥沃的土壤上，并且要勤浇水，勤施肥，方能获得高产优质的大蒜。

（二）茎

大蒜的茎分为鳞茎和假茎。鳞茎在地下，生长鳞片的缩短茎为盘状，称作茎盘。茎盘的基部及边缘着生根，其上部长叶及芽，其中顶芽着生于中央，为数层叶鞘所包被。随着植株的生长，茎盘也进行加粗生长，但生长量很小。茎盘在大蒜生长前期，组织柔嫩承托假茎、蒜薹和蒜瓣，并起输导作用；当蒜头长成以后，茎盘在高温条件下逐渐木栓化，形成盘踵。地上部看到的茎为假茎。假茎长在茎盘上，由叶片叶鞘包被形成，并由叶鞘和叶片构成株高。假茎除有附着叶片外，还有支撑着大蒜植株的直立状态，在大蒜的一生中，与茎盘共同进行运输水分养分作用。在蒜薹伸长前，假茎还是主要的营养贮藏器官，也随着叶片的增多而长高并加粗。一般来讲，出苗期茎粗（直径，下同）0.4cm，高2.5cm左右；至越冬期粗0.54cm，高4.3cm；返青后粗0.55cm，高5cm左右；薹瓣分化期茎粗1.1cm，高8.2cm；露苞期茎粗1.4cm，高34cm；提薹后假茎不再增高和增粗。

（三）叶

大蒜的叶片是丛生在茎盘上的。每一个叶片，包括一个扁平成条带的叶身，及一个厚而较长、成筒状的淡绿色叶鞘。叶身和叶鞘的交接处有一明显的白膜状的叶舌，并在这一点上叶身与假茎构成一定角度。大蒜叶鞘的特殊功能是套叠成圆筒形成假茎。叶片是附着在假茎上的，而且互生对称，成扇形排列，扇形排列的叶片方位与地下种瓣的背腹连线相垂直。

大蒜休眠期，切瓣观察到种瓣茎盘上已分化形成5片叶原基，播种时叶芽在种瓣腹沟内明显伸长。从叶原基分化到叶芽伸长可视为大蒜叶片开始生长。尔后随着芽鞘的出土展开第1片叶。出苗至越冬期逐渐长出4~6片叶。返青后一般长出6片叶，其叶芽多数是在越冬前叶片生长过程中分化的。苍山大蒜一生生长11~12片叶。实验观察结果，冬前生长叶片数与总叶片数关系很大。播种晚冬前叶片数减少，总叶片数就少。越冬蒜叶片的生长具有明显的生育时间的区分和生长数量的差别。同一大蒜品种因播种早晚，栽培基础及气候条件而不同，不仅影响到叶片数量，而且也影响到叶片生长量，定长时间及功能期。据测定，单株叶片的生长时间与温度有关，定长时间不同，底、中、上三部分叶片大小有明显差别。幼苗期生长的叶片，第1～2片叶生长30～60天定长；第3～5片叶经过一个越冬期于返青期前后定长，100～120天。返青后生长的叶片，第6～8片叶（第6叶多为越冬前未展开的心叶）生长30～50天定长；第9～12片叶生长20天左右即不再伸长。各部位叶片的大小和功能期：第1～5片叶长10～30cm，宽0.8～1.6cm，叶面积8～48.7cm^2，功能期60多天。第7～9片叶最大，长49.2～55.5cm，宽1.6～2.0cm，叶面积91.6～96.4cm^2，功能期50～60天。第10～12片叶长54cm左右，宽1.3～1.6cm，叶面积70.2～86.4cm^2，功能期45～50天。

（四）薹、花、气生鳞茎

大蒜的薹（蒜薹）由茎盘的中心生长点分化而成，是大蒜的生殖器官。食用部分为薹轴，薹轴顶端生有总苞，在总苞内有花和气生鳞茎。

蒜薹的发育过程先后经过花芽分化期、花器孕育期、薹伸长期至提薹。据实验观察、花芽分化时间是在叶原基分化结束，便开始分化，形成花原基。其分化的具体时间，在烂母后5～10天（3月下旬）。分化的特点是：在双目解剖镜下，生长点顶端呈圆弧形，即是总苞的生长点，拨去顶点包皮出现一个圆筒口，内有水渍状的液体，即是花芽分化的始期。经5天左右，拨去顶点苞皮，轴顶看出有三个馒头状突起，即是小花原基，此时便进入花器孕育期。花器孕育期从3个小花原基，经过10～15天，增到20多个小花原基，到谷雨后1～4天（4月下旬上）能够明显看出有30～40朵小花，构成一个伞形花序；花器孕育期经过15～20天的生长发育过程，分化基本结束。到提薹时小花柄长0.5cm，粗0.05cm，整个花序形状像一个心脏形。蒜薹的生长时间，从花芽分化开始，到提薹经历55～60天。蒜薹的伸长与增重，前期缓慢，尤其处在花芽分化与花器孕育期生长更慢。因温度的影响，从花芽分化到薹伸长中期，薹长仅12～16cm，日增长0.68～0.82cm，薹重3.1～4.4g，日增重0.14～0.22g，薹粗达到0.22～0.25cm。薹生长中期以后，随着气温的升高，薹的伸长增重加快。当平均气温上升到17～19℃时，是蒜薹一生生长最快的阶段，薹长已达到最大值，薹长92cm，日增长3.64cm，薹重33.5g，日增重1.22g。为了便于田间管理，特根据蒜薹生长形态分为5个时期：伸长初期、露尾期、露苞期、弯钩期、提薹期。

正常的大蒜花为伞形花序，有苞片1～3枚，片长8～10mm，膜质，浅绿

色，其花极小。花瓣两层6片，雄蕊6枚，雌蕊1枚，三心皮合，子房上位，三室。果实为蒴果，形状扁平，种子黑色，但在生产上一般植株抽薹不开花，或虽开花因花器退化，不能结实。

气生鳞茎是在蒜薹的花序上发育而成的。着生部位，先在茎轴花序四周，花萼与小花柄之间或小花柄与小花柄之间。当用放大镜看到有膨大的小突起时，则为气生鳞茎分化初期。随后由花序四周着生部位，向花序内部的小花柄之间逐渐发生。到5月底或6月上旬，整个花序着生着50多粒小鳞芽时，即形成气生鳞茎。到6月底基本成熟，颜色为紫色，构造极像一个独头蒜。大的气生鳞茎高1.7cm，粗1.5cm，最小者像一粒高粱米粒大小，里面有幼芽，在播种前形成叶原基。气生鳞茎主要用途，可用于栽培繁殖，起到提纯复壮的作用。用气生鳞茎的第1代种子播种，长出苗子矮小，长势细弱，且大部分成独头蒜；大的鳞茎播种后，加上良好的栽培条件也可分瓣。第2代、第3代播种后植株长势旺盛，蒜薹、蒜头产量显著提高。

（五）鳞茎

鳞茎（也叫蒜头）包括鳞芽（蒜瓣）、叶鞘（蒜皮）和短缩茎3个部分。每个鳞茎的鳞芽数量因品种不同而异。苍山大蒜的3个品种一般每个鳞茎4~7瓣。鳞芽在植物学上是短缩茎上的侧芽，它不是由叶片的叶鞘基部形成的。蒜瓣本身是一个鳞芽，它的外面被2~3层鳞片所覆盖，覆盖鳞片最初较厚，以后逐渐变薄，到收获时已经和最外面几层叶的叶鞘一起干缩成蒜皮，里面便是肥厚的贮藏鳞片（蒜瓣），在贮藏鳞片的基部中央具幼芽。因而每个鳞芽由一个幼芽、一层肉质鳞片和外面的1~2层干膜似的覆盖鳞片所组成，着生在茎盘上，外裹有多层叶鞘。当通过休眠后，在适宜条件下，幼芽即从蒜瓣顶端发芽孔中伸出。

鳞芽的出现与顶芽的发育关系密切。当顶芽为营养苗端分化叶片时，植株有顶端优势现象，故而侧芽（鳞芽）不发育。但当顶芽转化为生殖苗端出现花芽（蒜薹）时，植株顶端优势消失，侧芽就开始在植株最内里的2~4层叶腋内出现，并在3~4天内完成分化。鳞芽的分化与肥大，均以光合物质的输入储存为基础，并以适宜的温度（15~20℃）和较长的日照为必要的环境条件。前期蒜头的膨大由于气温较低（10.9~13.5℃），光照少，致蒜头膨大缓慢。到薹的生长中期，头重由鳞芽分化时的0.01g，增加到0.9g。薹生长中期后，气温逐渐升高，光照时间增长，蒜头膨大逐渐增加，到露尾期，头重4g。露苞期蒜头重增到6.3g。露苞到提薹随着气温的上升（17.3～19℃）蒜头的生长明显加快，头重增到15g，日增长0.97g，占头总重的44.12%，头直径3.1cm，周长9.74cm。提薹后气温升高到19.1～21.2℃光照时数增加到12h以上，蒜头膨大进入盛期阶段，是蒜头一生中膨大最快的阶段，到膨大末期头重达到26g，日增重1.38g，占头总重的76.47%，直径3.8cm，周长11.94cm。膨大盛期将进入成熟阶段，生长较缓慢，到成熟时蒜头总重达34g，净瓣重22.4g，日增长量0.667g，蒜头直径达到4.1cm，周长12.88cm。

二、苍山大蒜生育周期

苍山大蒜属百合科、多年生宿根草本，是一种浅根性香辛类蔬菜作物。植株由根、茎、叶、薹、鳞茎、气生鳞茎、化等部分组成。根系为弦线状须根，播种后突起迅速长成初生根，尔后，茎盘外围陆续长出新根，称为后生根。幼苗单株总根25～30条，平均28条。大蒜的茎分为鳞茎和假茎。鳞茎在地下，生长鳞片的缩短茎为盘状。地上的茎为假茎。叶片丛生在茎盘上，狭长而扁平，淡绿色，肉厚，表面有蜡粉。薹是大蒜的生殖器官，食用部分为薹轴。鳞茎有鳞芽（蒜瓣）、叶鞘（蒜皮）、短缩茎3部分。

苍山大蒜以蒲棵品种为例，在当地自然条件下，生育周期225～240天。根据各生育过程的特点不同，可分为六个时期，即萌芽期、幼苗期、花芽及鳞芽发化期、蒜薹伸长期、蒜头膨大期、休眠期等6个阶段。

（一）萌芽期

从大蒜解除休眠下地播种，到一片真叶展开为止，为萌芽期。它包括幼芽伸长期、出鞘期两个生育阶段。所经历天数因品种、播种早晚、栽培条件，气候因素不同而异，一般需7～13天。

（二）幼苗期

本期是由第一片叶展开，到花芽鳞芽分化为止。它包括冬前幼苗期、越冬期、返青期、烂母期。时间较长，经历150～160天，为花芽鳞芽分化积累养分创造条件。

（三）花芽及鳞芽分化期

该期由花芽鳞芽分化开始，到分化结束，大体经历25~30天。花芽鳞芽的分化标志大蒜由单纯的营养生长过渡到与生殖生长并进阶段。是大蒜生理过程的关键时刻，分化顺利与否对产量影响很大。

（四）蒜薹伸长期

花芽分化结束到提薹为止，是蒜薹的伸长期，也是鳞芽的膨大前期。包括露尾、露苞两个生育阶段，时间经历25~30天。生长的特点是叶已全部长出，叶面积达最大值。蒜薹前期生长缓慢，后期伸长快，鳞芽也逐渐膨大。

（五）蒜头膨大期

花萼从鳞芽分化结束，到蒜头成熟，为蒜头膨大期。经历时间为60多天。其中前40天与蒜薹伸长期重叠进行，头瓣的生长膨大缓慢。提薹后顶端生长优势解除，大蒜从生殖生长与营养生长并进阶段，过渡到蒜头膨大盛期，经过膨大末期至成熟进入休眠期。

（六）休眠期

蒜头成熟收获后，约有80天生理休眠期，休眠期间即使给予适宜的环境条件，蒜瓣亦不能发根萌芽。但生理休眠过后，如再贮存，就需人为控制环境条件，使其被迫休眠，以防发芽，品质降低。

三、对环境条件的要求

温度、水分、光照、土壤、养分等都是大蒜生长发育不可缺少的环境条件，其中影响最大的是温度。

（一）温度

苍山大蒜具有较强的耐寒性。在营养生长期间，适合较凉爽的气候条件。据试验，在播种后平均气温17.6℃，5cm地温18.3℃条件下，发芽迅速，只需5~7天出苗；气温10.6~11.8℃，需10~13天出苗；8.8℃时，需13~15天出苗；低于5℃播种萌芽缓慢。每生长一片叶约需90℃积温。出苗后幼苗生长较适宜的温度

13～15℃；8～12℃条件下能正常生长；低于5℃时幼苗生长缓慢；0～3℃地上部基本停止生长，越冬期间幼苗可顺利通过0～2℃较长时间的低温阶段，短时间的-14～-10℃的低温阶段不致造成冻害。翌年返青后气温回升12℃以上，幼苗开始生长活动，低于10℃生长缓慢，高于10℃地上部分的生长量迅速加快，地上部植株生长最适宜温度是16.7～17.9℃，在这一条件下生长量达到最大值。提薹后气温升高到20℃以上，植株茎叶不再生长，待气温达到23～25℃，叶身趋向发黄，将进入衰退阶段。

大蒜的根系，冬前适宜生长的温度11.9～15.6℃，9.6℃以下生长缓慢，低于0～2.7℃处于一个稳定状态，度过漫长的越冬期，翌年春烂母后，气温回升到6.7～7.2℃生长第2批新根。10℃以下根的生长缓慢，在15℃以上生长加快，根系最适宜的温度是16.7～19.1℃，且生长量达到最大值。20℃以上新根不再发生，后期气温23.8℃以上，根系的生长逐渐衰退。

春季气温升到10℃时，生长点分化花芽，花器孕育期适宜分化的温度11.1～13.9℃，15.2℃时花芽分化结束。11.1～15.2℃蒜薹生长缓慢，16.1～17℃生长较快，生长最适的温度是17.9～19.6℃。鳞芽开始分化至分化结束的最适宜温度10.1～11.1℃。据观察，在一定光照条件下，气温高可加速鳞芽分化的进程，温度低鳞芽分化时间延迟。蒜头膨大前期在13.1～16.1℃条件下，生长缓慢。在16.7～19.6℃条件下，生长加快，蒜头膨大最适宜的温度是20.9～21.6℃，也是蒜头生长最快阶段。此时如果气温偏低，将直接影响到蒜头的产量。

（二）水分

大蒜是含水量很高的蔬菜之一，大蒜叶片带状，叶面积小，表面具蜡粉，表现为耐旱性，但因其根系小、根毛少、分布浅、吸收能力强，因而对水的需求是强烈的。据测定，蒜幼苗期植株含水88.5%，薹瓣分化期82.3%，提薹期89.5%，收获期82.8%，每亩大蒜一生需水400～450m³。苍山大蒜生育期间，降水量只有266.2mm，每亩约178.4m³，有55%～60%需要进行灌水补充，才能保证大蒜对水的需要。

幼苗期：苗期浇水约占灌水量的30%。这一生育阶段（越冬前），虽然叶面积指数较低，叶片的蒸发量少，但土壤蒸发量大，适时浇水，有利于促进幼根及叶片的生长发育，培育壮苗，安全越冬。一般冬前浇水3～5次，烂母后浇水1～2次，每亩约（6次）90m³，促进了根系和地上部的生长发育，为培育壮苗、搭好

丰产架子，打下了有利基础。

薹伸长期：薹瓣分化后，随着气温升高，单株生长发育逐步加快，对水的要求逐步增加。露苞后至提薹期对水的要求逐步增到最高值时期（即需水临界期）。所以除在提薹前的4~5天进行划锄松土有利提薹外，整个阶段浇水应以保持土壤湿润为宜，一般灌水6~7次，灌水量每亩约110m³，约占总浇水量的40%左右。

蒜头膨大期：提薹后大蒜的顶端生长优势解除，进入蒜头膨大期。据测定，蒜产量的50%以上是这一生育阶段长成的。这个生育阶段气温已升高到21~24℃，蒸发量大，地上部已停止生长，根的生长及活力也逐步衰弱。为了延长植株叶片的功能时间，提高光合效率，促进干物质的积累，所以提薹后，必须连浇2~3次水，70m³左右，以利丰产。

（三）光照

大蒜为喜光性蔬菜，除萌芽阶段外，均要求一定强度的光照，以利于光合作用。冬前强光有利于幼苗安全越冬，早春日照充足有利于茎叶生长。此外，大蒜在通过低温春化阶段后，还需15~19℃的温度及13h以上的较长日照，才能使其通过光照阶段，从而抽薹、分化，促进鳞茎的形成；若鳞茎膨大期光照不足，叶片易于黄化，干物质生产下降，造成减产。因此较长时间的日照是大蒜鳞茎膨大的必要条件。

苍山大蒜生育期日照时数为1 637.4h，平均每日6.6h。冬前平均每日6.1h，越冬期每日6.0h，冬后平均每日7.4h。在薹瓣分化期和鳞茎膨大期日光照超过10.0~12.5h，基本上可满足大蒜对光照的要求。

（四）土壤养分

大蒜对土壤质地要求不甚严格，但因其根系不发达，吸收力弱，仍以选择疏松透气、保水保肥、有机质丰富的肥沃壤土为好。大蒜适于微酸性土壤，pH值一般为5.5~6.0，因而土壤瘠薄，碱性过大，早春返碱严重的地块不宜种蒜。根据试验，大蒜喜氮、磷、钾完全肥料，每生产1 000kg鲜蒜头，需吸收氮（N）14.83kg，磷（P_2O_5）3.5kg，钾（K_2O）13.42kg，氮、磷、钾的比例为4.2：1：3.8。经分析认为，大蒜对氮、钾素养分吸取最多，磷素较少。

氮的吸取：氮素是大蒜的主要营养元素。苗期（出苗—烂母后薹瓣分化期）需氮素较多，一般占吸取总量的30%。这一生育阶段的幼苗期（越冬前）亩吸取量1.55kg，占全量的7.38%，日吸取量31g；返青后亩吸取量1.14kg，占全量的5.42%，日吸取量18.69g；烂母后薹瓣分化期，对氮素的吸取迅速增加，亩吸取量3.81kg，占全量的18.14%，日吸取量97.69g。薹期（薹分化后—提薹）处在营养生长与生殖生长并进阶段，此吸取全量的38.2%，亩吸取量为8.05kg，平均日吸取量164g；特别是这一生育阶段的后期（提薹期），单株及亩鲜重达到最大值时，对氮的吸取由前期164g增加到736.5g，达到大蒜对氮素吸取量的最高峰。提薹后鳞茎膨大期，氮的吸取量约占全量的30.7%，亩吸取量6.45kg，平均日吸取量为586.8g，较提薹期明显减少。

磷的吸取：大蒜苗期对磷的吸取量较高，一般占总吸取量的17.1%，亩吸取量0.85kg，日吸取量由幼苗期2.39g提高到薹瓣分化期的7.85g。薹期对磷的吸取量最高，约占总量的62%，亩吸取量3.09kg，日吸取量出薹瓣共生期的37.11g，到提薹期增到192.6g。进入鳞茎膨大期，磷的吸取量占总量的21%，亩吸取量1.1kg，平均日吸取55g；这一阶段的前期吸取量高，日吸取94g，后期逐渐降低到1.7g以下。

钾的吸取：大蒜苗期钾素吸取量每亩4.04kg，占总量的21.2%；薹期为吸取10.11kg，占总量的53.18%；鳞茎膨大期亩吸取4.86kg，占总量的25.57%。由此可见，钾在大蒜整个生育过程中吸取的量多，体内含量也高，用于营养体与生殖体的有机物合成消耗的也多，所以在生产上必须十分注重其使用量，以保证大蒜对钾素的需要。

此外，大蒜也需钙、镁、硼、锌、铁、锰、钠等元素，尤其对钙、镁、钠的吸收比例较高。

兰陵县大蒜主产区为沙姜黑土，而沙姜黑土适宜栽培大蒜理由有4个：其一，土质适宜。大蒜为弦线状浅根型蔬菜，80%~90%的根系分布在5~20cm土层内，横展直径15~20cm，喜疏松多孔、通气良好、肥沃的土壤环境。而沙姜黑土耕层较浅，质地中壤或重壤粒状结构，干湿变化频繁，土体疏松软绵，吸光热能力强，故适宜大蒜生长。特别对大蒜根系和鳞茎的生长发育十分有利；其二，含钾量高，含有机质和全氮亦相对高。据试验，大蒜的吸肥规律为N>K>P，需要钾较多。而沙姜黑土含钾丰富，一般为165mg/kg，较棕壤高1.79倍，较潮土高1.43倍。沙姜黑土含有机质1.48%、全氮1.10%，比棕壤分别高1.56倍和1.54倍；比潮土分别高1倍和1.33倍，故宜于栽培大蒜；其三，土层深厚，酸

碱度适宜，宜土范围广，沙姜埋藏深，无碍大蒜栽培；其四，水质好。其矿化度在0.28~0.76g/L；阴离子以重碳酸根为主，其次为氯根或硫酸根；阳离子以钙、镁为主。用此水浇蒜，蒜头瓣大、皮薄、汁浓味美；用其他水浇蒜，蒜头小，皮厚、色黄、蒜肉淡白、焦辣。另外，沙姜黑土区的地下水较丰富，上层潜水埋藏在1~2m内，水层稳，易吸取，能够保证大蒜每个生长发育阶段对水的需要。

第三章　苍山大蒜品种

通过对兰陵县传统栽培的主要地方品种进行系统的观察记载，并与引进品种进行对比试验，鉴定其植物学特征与生物学特征、经济产量等，进而确定了苍山大蒜在生产上应用的代表品种为蒲棵、糙蒜、高脚子。

一、蒲棵

（一）主要特性

蒲棵品种是冬播蒜，是目前兰陵县蒜区种植面积最大的一个品种，约占大蒜种植面积的70%。生育期235～240天，系中晚熟品种。长势良好，适应性强，较耐寒，具有一定丰产性状，有利创高产。因种瓣小于糙蒜、高脚子，亩用种少，经济效益高。

（二）植物形态与特征

株高一般80～90cm，丰产田达到95cm。假茎高28～35cm，粗1.24～1.6cm。叶片呈条带形，绿色，互生扇状排列。有叶11～12片，叶长第1～6片为10～30cm，7～12片为30～60cm，最长达63cm；叶宽一般在2cm左右；最大叶面积是7～10片时，为80～93cm^2；单株叶面积出现最大值在5月11日左右。蒜根条数生长盛期达90多条，单株根鲜重10g左右，干重0.8g左右。蒜薹为绿色，薹轴长30～50cm，尾长23.5～33.3cm，薹粗0.5～0.75cm，单薹重25～35g，组织幼嫩，品质较好，容易提薹。蒜头直径3.5～6.5cm，高3.2cm，头重28～34g，大的达40g以上；瓣数一般4～8瓣，皮白有3层，肉白黄，组织细嫩。

（三）经济产量

经过多年试验，蒜头产量平均每亩产750kg左右，低于高脚子，高于糙蒜。虽然低于高脚子，但产量差别很小，有的年份互有高低，加上头瓣较多，用种量少互有抵补，相对讲有高产优势。蒜薹一般每亩产650kg左右，高的可达700kg以上，蒜薹质嫩，风味较好。

二、糙蒜

（一）主要特性

糙蒜是冬播蒜，主要特点是早熟，生育期230天左右。常年在5月5—12日提薹，5月底至6月初起蒜，比蒲棵早5～7天，抗寒性较蒲棵差，后期表现有点早衰现象。

（二）植物形态与特征

株高稍低于蒲棵，一般75～85cm。假茎高28～32cm，粗1.3～5.7cm，叶片深绿色，互生扇状排列。有叶10～11片，叶长一般30～50cm，叶宽1.5～2cm。根条数生长盛期为85～90条，单株根重与根长稍低于蒲棵品种。蒜薹为绿色，薹轴长37～51.3cm，单薹重20g～35g。蒜头皮白，头直径3.5～5.5cm，瓣高3.3～3.8cm，头重30g以上，多数4～6瓣，糙蒜头的特征是皮白、头大、瓣齐、瓣大、瓣高。

（三）经济产量

经过多年试验，蒜头的产量平均每亩产700kg，低于高脚子、蒲棵。蒜薹平均每亩产500～600kg，低于蒲棵、高脚子。

三、高脚子

（一）主要特性

高脚子是冬播蒜，晚熟品种。生育期240多天，比蒲棵晚熟2～5天，长势良好，适应性强，有抗寒能力具有丰产性状，产量高。因种瓣大，用种量多，故种植面积较小。

（二）植物形态与特征

植株高大，一般为85～95cm（高者达1m以上）。假茎高30～36cm，粗1.2～1.9cm。叶片肥大为绿色条带形，互生扇状，有叶11～12片，叶宽2～2.5cm。蒜根生长盛期有80～95条，比较发达，吸收能力较强。蒜薹为绿色，轴长35～54.6cm，尾长33.8cm，粗0.64cm，薹重平均一般30g以上。蒜头皮白，有皮3层，直径4.5～7cm，头高3.5～3.8cm，头重32g以上，高的40g（每瓣净重5.6g）。平均6～8瓣，肉色白黄，组织细嫩。蒜头的特征是瓣高、瓣齐、瓣大。

（三）经济产量

经过多年试验，蒜头平均每亩产800kg，在三个"苍山大蒜"品种中占第一位，蒜薹每亩产600～700kg，高于蒲棵、糙蒜。

第四章 苍山大蒜栽培

一、地膜覆盖栽培技术

大蒜属百合科、多年生宿根草本，是一种浅根性香辛类蔬菜作物。植株由根、茎、叶、薹、鳞茎、气生鳞茎、花等部分组成。根系为弦线状须根，播种后突起迅速，长成初生根，尔后，茎盘外围陆续长出新根，称为后生根。幼苗单株总根25至30条，平均28条。大蒜的茎分为鳞茎和假茎。鳞茎在地下，生长鳞片的缩短茎为盘状。地上的茎为假茎。叶片丛生在茎盘上，狭长而扁平，淡绿色，肉厚，表面有蜡粉。薹是大蒜的生殖器官，食用部分为薹轴。鳞茎有鳞芽（蒜瓣）、叶鞘（蒜皮）、短缩茎3部分。

（一）主要品种

苍山大蒜主要有蒲棵、糙蒜、高脚子3个品种，共同特点是头大瓣匀，皮薄洁白、黏辣郁香、营养丰富等。

（二）土壤要求

大蒜宜选用壤土或轻黏壤土。

（三）整地施肥

大蒜根系入土浅，80%～90%的根系分布在15～20cm深耕层内，需肥量较大。耕翻土地前每亩施入腐熟有机肥4～5m³，集中施。整平耙细（土块直径应小于3cm）后做畦，把畦面整平后再施入速效化肥，施用量因地力而定，可通过测土配方施肥，肥力中等土壤可每亩施复合肥（15-15-15）70kg、生物有机肥40kg（集中施）、尿素15kg、硫酸钾20kg，同时补施硼、锌、硫等中微量元素肥。若不施用鸡粪或厩肥等有机肥，还应外加腐熟豆饼50kg或棉籽饼50kg。同时在饼肥中拌入地虫快管（或阿维菌素），以防种蝇（蒜蛆）。撒施化肥及饼肥后将肥料与8~10cm土壤混匀，以免造成养分失散或烧苗。混土后整平畦面，待播种。

（四）播种

1.选择适宜播种期

根据试验，在兰陵县常规露地栽培最佳播期为9月28日至10月5日，其次是10月6—15日。而地膜覆盖最佳播期为10月5—15日，此期平均气温17.6℃，5cm地温18.3℃播种后，一般7天出苗，13天齐苗。冬前6叶1心，根系发达，高抗寒害和冻害，特别是翌年春天，蒜苗返青快，长势强，为大蒜的高产打下了基础。若过早过迟均易导致减产，或出现各种生理异常现象，如二次生长、洋葱蒜（面包蒜）等。具体的播种时间应主要视当年进入播种季节期间的气温而定，若气温偏高不下，应适当推迟播种时间，如气温偏低，与"节气"相符时，则按传统时间播种即可。

2.播前处理

播种前要严格精选蒜种。留种用的大蒜，一般经过晾晒，秸秆干后，选择头大、瓣大、瓣齐，具有代表性的蒜头带秸贮藏房内。临播前，再次精选，凡因贮藏不善霉烂的、虫蛀的、沤根的要清除，并将蒜瓣上残破鳞茎盘（蒜踵）去除，勿剥蒜皮，随后掰瓣分级。同时，尽可能选用蒜皮白色的蒜头，去除皮色褐黄的蒜头。一般分为大、中、小三级，先播一级种子（百瓣重500g左右），再播二级种子（百瓣重400g左右），原则上不播三级种子。

3.播种密度

"苍山大蒜"属头、薹兼用型品种，蒜头大，形状圆整，因此密度应适宜，"苍山大蒜"株、行距为（9~10）cm×（20~22）cm，每亩（包括畦背在内）株数应保持在29 000~35 000株。切勿播种过密或过稀，以免影响产量和商品品质。

4.播种方法

播前整地时要施入杀虫、杀菌剂（金满地、高锰酸钾、土壤消毒剂）用于杀灭地下害虫和土壤消毒。播种时要求开沟深度8cm左右，播种5~6cm，上边

盖土3~4cm，深浅、行距、株距要均匀，同时要定向播种，即播种时蒜瓣的弓背面与腹面连线应同行向一致，以确保大蒜叶片在田间分布均匀，避免相互遮光，有利增产和便于田间管理。作畦方法，要根据种植方式和水源而定，水源如充足，平畦可4行一畦，畦面宽70~75cm，畦间25~30cm，然后用畦间土覆盖3~4cm，覆土搂平后用1m宽地膜进行覆盖（或2m地膜盖2畦）；如高畦，可采用200cm或90cm的地膜，作成80~90cm宽的高畦，畦高8~12cm，畦面宽70cm，畦间沟宽30cm，畦面当中稍高一点，耙细搂平，有利播种。

5. 地膜覆盖

播种后3~5天内，可用竹片或镰刀头背将地膜边缘压入土中，注意尽量拉平地膜，以贴紧地面，并用脚轻踩缝隙封口，防风揭膜。地膜与地表贴得越近越好，有利于保温保湿，增强植株的抗逆性。

（五）田间管理

田间管理的重点是水、肥调控和病虫害综合防治。

1. 苗期管理

播种后7天，幼芽开始出土。在芽末放出叶片前，用扫帚等轻轻拍打地膜，蒜芽即可透出地膜。地面平整，播种质量高者通过拍打70%~90%的蒜芽可透过地膜，少量幼芽不能顶出地膜，应用小铁钩及时破膜拎苗，否则将严重影响幼苗生长，也易引起地膜破裂。

2. 越冬前及越冬期管理

苍山大蒜越冬前和越冬期田间管理的主要任务是使大蒜正常萌发出苗，幼苗生长健壮，安全越冬。出苗后视土壤墒情和出苗整齐度可浇一次小水，以利苗全，打好越冬基础。壤土或轻黏壤土可于覆盖地膜前浇水，黏土地可覆盖地膜后浇水或不浇。并根据墒情，可于11月上中旬浇越冬水，必须浇透，越冬水切勿在结冰时浇灌。越冬期间应特别注意保护地膜完好，防止被风吹起，若有发现应及时压好。

3. 返青期管理

在兰陵县蒜区，翌年2月中旬，即"惊蛰"前，气温上升，蒜苗返青生长，在返青前后可喷一次植物抗寒剂，以防倒春寒对大蒜的伤害。到春分后，此时大蒜处在"烂母期"，此期易发生蒜蛆，注意防治。

4.蒜薹生长期管理

蒜薹生长期间的管理，主要指的是从薹瓣分化期开始到提薹期，是生殖生长与营养生长并进阶段，也是薹瓣共生期间的管理。若前期未追肥或缺肥者，可结合浇水亩追二铵或钾肥15kg。此后各生育阶段，分次浇水保持田间的湿润状态，划锄松土，拔除杂草。3月下旬至4月初，开始喷药，防治葱蝇和种蝇，每隔7～10天喷一次，连喷2次。从4月下旬开始喷药防治大蒜叶枯病、灰霉病等，每隔10天左右喷一次，提薹前喷药2次以上，效果较好。地膜蒜应在"清明"以后，待温度稳定后，除去地膜和杂草，并每亩追施二铵和钾肥20kg，并喷施高效叶面肥，然后浇一次透水。注意提薹前一周要停止浇水，以利于提薹。

5.蒜头膨大期管理

苍山大蒜提薹以后，生长的特点是：根、茎、叶的生长趋向衰退，蒜头生长进入膨大盛期。提薹后，浇一次水，至收获前保证浇水2～3次，保持地面湿润状态，满足大蒜后期对水分的需要，并喷施一次防病药物，巩固防治大蒜防病效果，确保大蒜丰收。

（六）收获

1.蒜薹

蒜薹为高档细菜，及时采收，既能增加蒜薹的收入，又可因采薹后改善养分运输方向，进一步促进蒜头膨大。采收标准如下：一是蒜薹弯钩呈大秤钩形，苞上下应有4～5cm长呈水平状态（称甩薹）；二是苞明显膨大，颜色由绿转黄，进而变白（称白苞）；三是蒜薹近叶鞘上有4～6cm长变成微黄色（称甩黄）。收获时一般应选在晴天中午及午后较为理想，提薹时应注意保护蒜叶，特别保护好旗叶，防止叶片提起或折断，影响蒜头膨大生长。

2.蒜头

蒜头收获应根据大蒜生长的成熟度来决定，适期收获的依据：大蒜植株的基部叶片大都干枯，上部叶片由褪色到叶尖向叶身逐渐呈现干枯，植株处于柔软状态，如把蒜秸在基部用力向一边压倒地面后，表现不脆，而且有韧性，则为成熟的标志（一般在提薹后18天以上成熟）。收获时应轻拔轻放，不磕不碰，以免

蒜头受伤，降低商品价值及贮藏性。蒜头收获后，应就地或找空地排放晾晒，蒜秸基本干了再捆把，继续晒秸、晒头，至晒干后，堆垛，用席子、草苫子盖好防雨，半月倒一次垛，结合晾晒，待到入伏后，进房贮藏留种。有条件的地方可在收获后立即采取"削须平头"、除泥去土，避雨防霉，离地通风存放等措施，不仅可提高"出成率"，同时还可提高品级，夺取高效益。

（七）大蒜产品收获后处理

1. 蒜头

待蒜头晒干后，先剪去假茎（蒜棵），剪时应在蒜头上1.5～2cm处下剪，然后剥去外层老皮，并进一步严格挑选后即可成为出口商品。

产品标准为：蒜头直径5cm以上，无伤残，无糖化，无散瓣，无霉变，无泥土，无农药残毒污染，蒜皮完好，颜色白色鲜亮，假茎长1.5～2.0cm。

2. 蒜薹

收获后应及时绑把、预冷、分级、包装、贮藏。产品标准为：蒜薹直径0.5～0.8cm，无伤残，无斑点病斑，颜色浓绿鲜亮，无失水变软现象，无农药残毒污染。

二、拱棚大蒜栽培技术

大拱棚种植早熟大蒜，可3月中旬采收蒜薹，4月中下旬采收蒜头，蒜薹蒜头均比露地蒜早收接近2个月，产量高、效益好。拱朋种植大蒜条件要求低，技术易复制易推广，适于大面积推广。

（一）种植地块与棚型结构

选择地势平坦、排灌方便、土壤耕层深厚、土壤结构适宜、理化性状良好、土壤肥力较高的地块种植拱棚大蒜。

为便于管理操作，一般采用钢架大棚，棚体宽度在6m以上，棚体高度2.2m以上，长度根据地长确定，一般不少于60m，南北走向最好，水肥一体化设施完备。棚架于播种前插好，可暂不覆盖棚膜。

（二）品种选择

大棚早熟薹蒜选用早熟、丰产、抗逆力强、适应性广、商品性好的四川"二水早"等品种。

（三）整地施肥与播种

每亩施用商品有机肥160kg，15-15-15硫酸钾复合肥100kg，硫酸锌2kg，均匀撒施于土壤后及时翻犁，耕后耙细、耙平，捡去杂草、根茬，铁耙搂平。

（1）挑选蒜瓣整齐肥大、无病虫、无机械损伤的蒜头，将蒜头掰开后，挑出小瓣、伤瓣、黄瓣、软瓣，剥掉木质化茎盘，分三级，用大、中瓣播种。

（2）适期播种，临沂市大棚蒜适宜播种期为9月20日到10月20日。为提高大棚薹蒜产量，大棚蒜行距20cm，株距7~8cm，每亩密度45 000株左右。每亩用种100kg。播种采用开沟条播，播深4~5cm，蒜瓣尖以上覆土2cm。

（四）田间管理

1. 覆盖地膜

大蒜播种后及时浇水，喷洒除草剂，然后覆盖地膜；若气温偏高，墒情较好，播种后2~3天，待种瓣定根后，再浇水覆膜。覆膜质量好的蒜田大部分幼苗可自行顶出地膜，也可在大蒜有出芽拱膜现象时，用麻袋片拖过蒜畦助苗破膜，对不能自行顶出的可用小铁钩或长竹签戳膜放苗。由于大蒜出苗速度不一，破膜放苗可分批进行。如果幼苗已露出绿叶，破膜放苗要在上午9时以前或下午4时以后进行，以免高温闪苗伤叶。

2. 适时扣棚

1月上旬，早熟薹蒜已经过45天4℃以下的低温，通过春化，于小寒前后盖严棚膜，提高棚内温度，促进薹蒜生长。

3. 棚温管理

盖严棚膜后，要随时观察棚内温度，2月中旬以后，每天棚内气温高于25℃时要及时放风降温，棚内气温下降到18℃后及时盖严棚膜，保持夜间气温不低于12℃即可。

4.水肥管理

大棚蒜于11月中旬根据天气和土壤墒情浇一次水。大棚盖严棚膜后，到大寒时，棚蒜已适应棚内小气候环境并明显恢复生长，这时要及时追肥浇水，每亩随水追施高氮钾水溶肥10kg，以后一般每隔15天浇水施肥1次，蒜薹采收后追施水肥一次促进蒜头生长。

（五）病害防治

大棚薹蒜一般不发生虫害，但病害相比露地大蒜病害要重，应按照"预防为主，综合防治"的植保方针做好病害防治，主要病害有叶枯病、紫斑病、锈病等，化学防治时，农药使用应符合GB 4285—89《农药安全使用标准》和GB/T 8321《农药合理使用准则》的规定。

1.农业防治

合理控制棚内气温，每次浇水后及时放水散湿，降低病害发生概率。

2.药剂防治

防治叶枯病可选用10%苯醚甲环唑水分散粒剂1 500倍液，或25%咪鲜胺乳油1 000倍液，7～10天防治1次，连续防治3～4次，防效达90%以上。

防治锈病用20%三唑酮乳油2 000倍液，或70%代森锰锌可湿性粉剂1 000倍液加15%三唑酮可湿性粉剂2 000倍液喷雾，10～15天喷1次，连喷1～2次。

防治紫斑病，可在发病初期，用75%百菌清可湿性粉剂500～600倍液，或58%甲霜灵·锰锌可湿性粉剂500倍液喷雾，7～10天喷1次，连喷2～3次。

（六）适时采收

1.蒜薹采收

当蒜薹总苞呈水平状态时即可采收蒜薹，采薹时选晴天下午进行。应及时采收蒜薹，以抢早上市，并利于蒜头膨大。

2.蒜头收获

当大蒜叶片变黄，假茎基部变软时为蒜头收获适期。收获时应尽量避免机械损伤，剪去须根、假茎，分级包装，置于通风处贮藏，适时上市销售。

三、蒜苗高产栽培技术

蒜苗又称青蒜，是以新鲜嫩绿的蒜叶为食用器官的蔬菜，品质好的蒜苗应该鲜嫩，株高在35cm左右，叶色鲜绿，不黄不烂，毛根白色不枯萎，具有蒜的香辣味道。蒜苗含有丰富的维生素C以及蛋白质、胡萝卜素、硫胺素、核黄素等营养成分。它的辣味主要来自其含有的辣素，这种辣素具有消积食的作用。此外，吃蒜苗还能有效预防流感、肠炎等因环境污染引起的疾病。蒜苗对于心脑血管有一定的保护作用，可预防血栓的形成，同时还能保护肝脏。

除炎热夏季外，随时均可播种，进行蒜苗生产。蒜苗对温度、光照要求不严格，可以在露地及保护地条件下越冬。露地栽培的蒜苗可以在当年秋冬季节供应市场，保护地栽培蒜苗可以在塑料大、中、小棚及改良阳畦内进行，亦可种植在木箱、花盆等器皿内，将其放入室内窗台、阳台上生长。进行蒜苗栽培时，应掌握以下内容。

（一）选用适宜品种

栽培蒜苗所用品种，以紫皮蒜最好，蒲棵、高脚子、安丘大蒜均可栽培。为了节约用种，最好选用小瓣或大瓣蒜中的较小瓣。

（二）整地施肥

因蒜苗生长所需营养物质主要来自在种瓣，所以栽培蒜苗对土壤要求不太严格，各种土质均可，但不应在地势低洼、易积水的地块种植。露地栽培蒜苗时，其生长期较长，为使蒜苗鲜嫩肥美，仍需在整地时施入足量充分腐熟的有机肥做基肥，然后翻地、耙细、整平、做畦，畦宽一般1.0～1.5m。保护地栽培应结合保护方式进行整地、做畦。为提高土壤肥力，亦可在施基肥时掺入50kg/亩过磷酸钙，或在做好畦面每亩施50kg硫酸铵与土壤混匀后再播种。

（三）播种

1. 播期

蒜苗一年四季均可生产供应上市，露地栽培蒜苗的播种期，自8月中、下旬可一直延续到9月下旬，早期播种者可于10月收获，但播期晚者，因后期温度低，生长慢，可于翌年4月收获，越冬期间可盖草防寒或种植时加盖地膜。保护

地栽培蒜苗可于9月下旬到12月下旬播种，但前期播种者除盖地膜外，一般不急于扣棚，而要等到霜降后再扣棚，收获供应时间，可从11月中旬一直延续到3月下旬。

反季节栽种，需要打破大蒜休眠期，促进发芽。方法：首先将蒜头用清水浸泡24h，再把蒜种均匀地摊在木板上，放到通风阴凉处晾2～3天，每天可翻动1～2次。如果蒜头过干，可喷洒些凉水或将浸泡后的蒜瓣装入用纱布或蚊帐布缝制好的布袋内，用绳子将种蒜吊入井中，高出水10cm左右，吊放3天，每天提上冲洗一次。此法适宜于8月初栽植，立冬后扣棚，于元旦前后上市。

2.播种密度

蒜苗由于不收蒜头，因而密度应大些。加大密度不仅可增加单位面积的株数，提高产量，而且因高密度群体内光照弱，植株为争光而进一步向上生长，使假茎增长，植株脆嫩、品质改善。但不同栽培方式及不同播期所采取的密度有差异，一般冬前收获的露地蒜苗，行距为10～12cm、株距3～5cm；露地越冬蒜苗行距为15cm左右，株距7～8cm。大棚、阳畦保护栽培可进一步加大密度，行距、株距均为3～5cm。

3.播种方法

蒜苗栽培的播种方法与常规露地栽培的播种方法基本相同，可采用干播法，即先开沟播种、覆土后再灌水。亦可采用湿播法即先灌足底水，再将蒜瓣按入土中，而后覆土，但不论哪种方法，覆土的厚度均以2～3cm为宜。为了使以后蒜苗生长均匀一致，便于管理，种植时最好将蒜瓣按大小分级后，分别播种。

（四）田间管理

露地栽培蒜苗，播种早，冬前即可收获者，一般应采取一促到底的管理措施，即在播后苗前要小水勤浇，这样既增加土壤湿度，又降低了土壤温度，有利于幼芽的萌发及蒜根的生长，因而可提早出苗。齐苗后即应结合小水追施提苗肥，每亩用硫酸铵25kg。采收藏前7～10天，还应再追施部分速效氮肥，以进一步提高产量，改善品质。播种晚、翌春才可收获者，管理措施与常规露地栽培大蒜的管理措施相同，即越冬前采取控制浇水的方法。因为植株要安全越冬，就不能造成徒长，否则浇水过多，提早烂母，不利于安全越冬。

保护地栽培蒜苗，可采用多次覆土的方法，以增加假茎高度。具体做法是：当播后"露尖"时浇水，随后进行畦面盖土，厚约3cm，为了防止压住幼芽，土宜精细。消退再次"露尖"时，再进行浇水，然后再盖3cm厚的细土。这样连续进行3~5次，就大大加长假茎高度，提高蒜苗产量，又改进了品质。保护地栽培的蒜苗施肥时间可以与浇水密切结合，一般可于第一次"露尖"时，结合浇水每亩施入20kg硫酸铵或磷酸二铵，最后一次覆土前再施入20kg硫酸铵。保护设施内的环境条件尤其是温度条件，对蒜苗的生长影响极大。一般白天在20~25℃，夜间15℃左右为宜。如遇温度过高时，应及时通风降温、排湿，防止叶片黄化、腐烂；遇低温灾害性天气，夜间应加盖草苫等覆盖物，以防受冻。

（五）采收

蒜苗的采收期不严格，一般播后长出4~6片叶时，即可陆续采收供应市场。收获时可将蒜苗连根拔起，抖掉泥土后捆扎成0.5kg左右的小捆上市。越冬蒜苗的收获应结合市场价格，在高温季节来临之前及时收获，以防组织老化、纤维增多，品质下降。

四、蒜黄高产栽培技术

蒜黄是大蒜在无光或弱光以及适宜温度和水分条件下，依靠自身的贮藏营养和一定的施肥技术而形成的一种软化栽培产品。蒜黄色泽为黄白色，香味独特，品质鲜嫩。蒜黄生产比较容易，从种到收两个月，可收割2~3刀。蒜黄生产占地面积小，收益高，几乎不施用什么肥料，不施用任何农药。

（一）栽培时间

蒜黄的生产季节较长，可以10月下旬直至翌年3月下旬，可根据市场需要，在上市前20~25天进行栽培。一般以冬季生产的产品需求量大，市场价格高。1月以后因为多数常温贮藏的大蒜蒜肉养分耗尽，虽也能勉强利用，但价值很低。经过辐射处理的大蒜因种芽已被损坏不能做种。

（二）栽培场地选择

栽培蒜黄所用栽培池底部要平整，而后在其上铺细沙或沙质壤土，搂平即可。
（1）日光温室。日光温室生产蒜黄有3种方式：一是地下式。即在温室靠东、西山墙处根据所需面积下挖150~200cm深的坑，坑中部留出1个高20cm，能

够供人操作的小高台；二是半地下式。即下挖30cm深整平池底，再用挖出的土在池四周筑成30cm高的埂；三是地上式。即在地面上用砖在畦四周筑成高50cm的埂，然后在顶部扎架覆盖草苫进行遮光。

（2）塑料拱棚。塑料拱棚的增温效果不如日光温室。一般在拱棚内下挖50cm深的坑，坑内铺10cm厚的麦秸，再覆盖塑料薄膜作为隔热层，再铺5～6cm厚的细沙待排蒜。池上顶部架设遮光物。夜间棚外加盖草苫进行保温。

（3）地窖栽培。采用地窖栽培时，应选地势高、背风向阳处地下式或半地下式地窖，窖深1～2m，宽大2～4m、长5～7m，窖顶用木材及作物秸秆封好，开留小窗，白天可盖好遮光，夜间可打开排湿降温，窖的一端或一角可留操作人员出入的通道。窖内用砖砌成长方形的栽培池，池宽1～2m，高0.6m左右，并留出走道及火炉放置位置。

（三）选种及种子处理

蒜黄所用的品种要满足产量高和生产周期短这两方面的要求。一般蒜瓣大的品种，贮藏养分多，产量较高，品质也好；心芽较长的品种，蒜黄长得快，苗壮产量高，但心芽不能过长，一旦心芽长到蒜瓣之外了，蒜黄就弯曲，产量反而会低。目前，各地用于蒜黄生产的品种有苍山大蒜、河北安国白蒜、宝坻大蒜、北京紫皮蒜等。

1. 种子的选择

（1）选择大而均匀的蒜头做蒜种。这样的蒜头出苗后不但长势旺，而且非常整齐，产量和品质都好。

（2）选择紧实的蒜头做蒜种。蒜头越紧实，长出的苗子越好。用手紧握有坚硬感的大多是紧实蒜头，而感觉发软的大多是脱水蒜头，其生命力弱，长出的蒜黄不会壮。

（3）不用伤热蒜种。伤热的蒜发芽慢且细弱，蒜苗尖打钩弯曲，长不出健壮的苗子。伤热蒜头的根发褐色，蒜瓣肉色发黄。

（4）使用已经解除休眠的蒜种。大蒜收获后都有一个休眠期，一般为60多天，渡过休眠期后播种才能发芽生长。蒜种解除休眠的标志是蒜瓣出现根突起，幼芽伸长，芽鞘与新叶之间出现空腔。

2.蒜种的处理

排蒜之前一般都要对蒜种进行一番处理。首先是泡蒜，做法是将选好的蒜头或蒜瓣，在20℃左右的水中浸泡8～10h。1kg干蒜头泡好后可增加到1.5kg。泡蒜时，每500kg干蒜头放入硝酸铵0.35kg，对以后蒜黄生长非常有利。泡好的蒜头捞出后放到帘子上淋水，再用草苫或麻袋盖好，闷8～10h，然后进行剜蒜。剜蒜就是将蒜头上的老根盘残留的蒜薹梗用小刀之类的工具挖掉，但要保持蒜头完整，不散瓣，其作用是促进出苗多发根。

（四）栽培方法及管理

1.栽蒜

将处理好的蒜种，整头密排于栽培池内，并用木板压平，上覆一层细沙土刚刚盖住蒜头，而后用喷壶在其上均匀喷水，直至将池内土壤浸透，然后再覆1.5cm厚的细沙土盖严蒜头。采用此方法排蒜，每平方米用蒜头15～20kg。

2.温度管理

温度是蒜黄生长的重要条件，一般以18～22℃为最适，25℃以上，生长加快，但会出现白梢，品质下降，因而在出现高温时，应在傍晚或夜间开启通风降温。如果窖内温度过低，则蒜黄生长慢，推迟采收期。在出苗前温度要高，白天控制在26～28℃，夜间18～20℃，以促进早发芽。出苗后到苗高26cm时，白天温度应该控制在24～25℃，晚上16～18℃。采收前4～5天，温度应控制在12℃左右。

3.水分管理

蒜黄生长过程中，蒜池要经常保护湿润，一般在栽植后每隔3～4天喷水一次。水量多少，应视池内土壤状况与窖内温度、蒜苗大小来定。为使蒜苗健壮，收获前3～4天停止浇水。栽后到收割第一刀，一般要浇3次水。浇水量前期宜大，后期可小。栽后随之浇头水，每平方米用水35kg；苗高6～9cm时浇第二水，每平方米用水30kg；收前3～5天浇第三水，每平方米用水202kg。头刀蒜黄收割后搂平土面，等新长出的蒜苗变成绿色时再浇水。

4.保温通风

在寒冷季节仅靠自身保温往往达不到其生长的适温，因而还要加温。若遇

到窖内温度过高时，应及时通风，但通风应在傍晚或夜间进行，以免光线使蒜黄变绿。

（五）收获

一般播后20～25天，蒜黄长至35～40cm时，即可收获第一茬蒜黄。割时不能踩伤、割伤蒜头。割下的蒜黄，趁中午摊开晒，由白黄色转为金黄色时即可扎捆上市。当2茬蒜黄长至5～10cm时，继续做好喷水等管理工作。经过30天左右，就可收割第2茬蒜黄。第一刀蒜黄每亩可出产15kg左右，第二刀产量减少50%。收割后再过20天可收第3茬。一般蒜黄的产量为每千克蒜头收蒜黄1.2～1.5kg。

第五章　苍山大蒜病虫草害防治

一、病害

（一）叶枯病

1. 症状

叶枯病主要发生于叶及花薹上。叶片发病多从叶尖开始，而后扩展蔓延。病斑初期为花白色小圆点，逐渐扩大后呈灰黄至灰褐色，形状不规则或椭圆形，病斑表面密生黑色霉状物，严重时可遍及整个叶片，造成整个叶片枯死。花薹受害易从病部折断，造成大蒜不易抽薹。

2. 病原菌及发病条件

病原菌为真菌，以菌丝体在病残体内于土壤中越冬，为弱寄生菌，健壮植株不易得此病，在温度高、湿度大条件下易发病。

3. 防治方法

加强田间管理，增施氮磷钾完全肥料，培育壮苗，增强植株抗逆性；雨后及时排水，防止田间积水。严格选种，收获时发现病株应彻底清除，掰瓣时应果断淘汰病瓣。药剂防治，50%甲基硫菌灵可湿性粉剂500～700倍液，或75%代森锰锌可湿性粉剂500倍，或10%叶枯净可湿性粉剂400～500倍液喷洒。

（二）灰霉病

1. 症状

灰霉病多发生于植株生长后期，先从下部老叶尖端开始，病斑初呈水浸状，继而变白色至浅灰褐色，并由尖向里发展。病斑扩大后呈梭形或椭圆形，后

期病斑愈合成长条形灰白色大斑，病斑两面均生稀疏灰褐色霉状物。灰霉病发病严重时可由老叶蔓延至叶鞘及上部叶片，遍及整株，造成叶鞘甚至地下鳞茎腐烂，后干枯为灰白色，拔起，病部可见灰霉及菌核。

2. 病原菌及发病条件

病原为半知菌亚门葡萄孢属葱鳞葡萄孢菌所引起。病菌可于田间杂草及病残体上越冬。一般地势低洼，排水不畅、积水地块易发病，此外，偏施氮肥植株及徒长也极易引发病害。

3. 防治方法

同叶枯病。

（三）病毒病

1. 症状

大蒜病毒病的症状有隐症和显症之分，但多为隐症，即在外观上不表现症状，只引起大蒜种性的退化；显病的主要表现为在叶片上出现不规则黄绿色条纹或斑点，形成花叶，发病严重时，造成植株萎缩或扭曲。

2. 病原及发病条件

由病毒引起发病，病毒多由播种材料即蒜头所传播。病毒的显症与栽培因素关系密切。在管理不善、高温干旱、植株衰弱条件下发病重。

3. 防治方法

培养脱毒苗，选用无毒蒜种。加强田间管理，使植株生长健壮，提高抗病能力。

（四）干腐病

1. 症状

整个生育期及贮运期均可发病，尤其贮运期发病严重。田间发病时叶片尖枯黄，根部腐烂，切开鳞茎基部，可见病斑由内向上蔓延，病部呈水浸状腐烂，发展较慢。贮运期发病，多从根部开始，蔓延至鳞茎基部，使蒜瓣变黄褐色并干枯，病菌部可产生橙红色霉层。

2. 病原菌及发病条件

病原菌为真菌，以菌丝及厚垣孢子在土壤中越冬，从伤口侵入植株体内，发病适温为28～32℃，因而在高温高湿下发病严重，贮运期间温度高于28℃，大蒜易腐烂，低于8℃发病轻。

3. 防治方法

严格选留无病蒜种。控制贮运温度，使其低于8℃。药剂防治，以50%甲基硫菌灵可湿性粉剂1 000倍液，或75%百菌清可湿性粉剂600倍液喷雾。

（五）紫斑病

1. 症状

紫斑病又称黑腐病，此病在田间主要危害叶片和蒜薹，在贮运期间危害鳞茎。田间发病时多从叶尖或花薹中部开始，初为白色小病斑，稍凹陷，中央微紫色，扩大后为椭圆形至纺锤形，黄褐色。湿度大时病斑上面产生黑色霉状物，常形成同心轮纹，易从病部折断。贮运期间鳞茎受害，常从鳞茎颈部开始变软腐烂，呈深黄色或红色。

2. 病原菌及发病条件

病原菌为真菌，此病对环境条件要求不严，一般阴湿多雨、田间积水、肥料缺乏、管理不善、生长衰弱地块易发病。

3. 防治方法

选留无病蒜种，实行非葱蒜类蔬菜轮作。药剂防治，发病初喷75%百菌清可湿性粉剂600倍液，或50%多菌灵可湿性粉剂500倍液，或65%代森锌可湿性粉剂700～800倍液。

（六）线虫病

1. 症状

线虫病危害大蒜后，新叶不能开展，蒜叶细长，卷曲折迭，植株及蒜薹肥胖粗短，不能定向弯曲，有时胀破假茎，失去食用价值，严重时植株死亡，茎盘朽烂，须根脱落。

2. 防治

选用无病蒜种。种子处理，先将蒜种在25℃左右温水中浸2～2.5h，后将水温增加至49℃并加1%福尔马林和0.1%去垢剂浸20min。（注意浸种时温度不要超过50℃，以免伤害蒜种）。忌与葱、韭菜、洋葱、芹菜、莴苣等作物连作。发现病株应及时地将病株同下部土壤一并挖出，撒生石灰深埋。

二、虫害

（一）蒜蛆（葱蝇）

1. 危害症状

幼虫蛀入鳞茎内取食，造成孔洞引起腐烂。叶片枯黄，植株凋萎致死。大蒜在烂母期蒜蛆最为严重，常造成缺苗断垄。

2. 形态特征

成虫为灰色小蝇，体长4～6mm，翅透明。幼虫似粪蛆，乳白色夹带淡黄色，头退化，仅有一黑色口钩，整个体形前端细，后端粗。

3. 生活习性

蒜蛆在兰陵县一年发生3～4代，以蛹在土壤或粪堆中越冬，早春成虫大量出现。成虫存在趋臭粪及饼肥特征，卵多产于潮湿土壤中，尤其是大蒜根部附近湿润土壤及蒜苗和鳞茎上，3～5天后，卵孵化为幼虫，幼虫迅速钻入鳞茎危害，幼虫期约20天，老熟幼虫在被害植株周围土壤中化蛹，蛹期14天左右。

4. 防治方法

用糖醋液诱杀成虫，配法是糖：醋：水=1：2：2.5，内加少量敌百虫拌匀，倒入放有锯末的碗中加盖，待晴天白天开盖诱杀。由于成虫有趋臭特性，所以忌用生粪或栽植烂蒜瓣，所有有机肥须充分腐熟，且均匀深施。药剂防治成虫产卵时可用2.5%溴氰菊酯可湿性粉剂3 000倍液，每5～7天喷洒一次，连续2～3次。

（二）葱蓟马

1. 危害症状

主要危害大蒜等百合科蔬菜。大蒜生长过程中，葱蓟马主要发生于5—6月间，其中以6月初最为严重。它以刺吸式口器为害叶片，叶片受害后，叶背面出现银白色斑点或斑块，叶片皱缩变形、折断、破烂，影响光合作用。

2. 形态特征

葱蓟马成虫体细长约3mm，淡黄色，背面黑褐色，前后翅狭长，淡褐色，周围有许多细长绿毛。卵极小，椭圆形，一边向内弯曲，乳白色。若虫淡黄色，形似成虫无翅，蛹深褐色，形似若虫，生有翅芽，不食不动。

3. 生活习性

葱蓟马每年发生6~10代，成虫及若虫在蒜叶鞘、枯枝菜叶、杂草及土壤中越冬，翌年春天开始活动。成虫性活泼，飞翔力强，怕阳光，白天躲在叶背面。卵散产于茎叶组织内，葱蓟马喜温暖干旱环境，多雨季节其活动受抑制。

4. 防治方法

加强田间管理，做好清除蒜区周围杂草工作，遇旱及时浇水。药剂防治成虫产卵时可用溴氰菊酯，每5~7天喷洒一次，连续3~4次。

（三）蚜虫

为害大蒜的蚜虫有葱蚜、桃蚜、棉蚜、豆蚜和萝卜蚜。

1. 发生规律

蚜虫以卵在蔬菜、棉花或桃树枝上越冬，成虫和若蚜也可在温室、大棚、菜窖等比较温暖的场所越冬并继续为害，靠翅迁飞扩散。温暖、干旱的气候有利于蚜虫的发生，春、秋两季为害严重，夏季高温多雨为害减轻。

2. 防治方法

蚜虫的防治要采取农业防治、化学防治、物理防治与生物防治相结合的综合防治措施。

（1）农业防治。基本方法是清洁田园。在秋季蚜虫迁飞前，清除田间地头的杂草、残株、落叶并烧毁，以减少虫口密度。

（2）化学防治。及早喷药防治，把蚜虫消灭在点、片阶段。用于喷布的农药主要是50%辛硫磷乳油2 000倍液。最好用不同药剂轮换喷施，以免蚜虫产生抗药性。

（3）物理防治。利用蚜虫、白粉虱、斑潜蝇等对不同颜色光线的趋、避性进行诱虫。使用时间：从苗期开始使用，保持不间断使用可有效控制害虫发展。使用数量：每亩悬挂24×30黄板20块。悬挂高度：一般要求黄板下端高于作物顶部20cm为宜。

（4）生物防治。在田间分放人工繁育的七星瓢虫、食蚜蝇幼虫等天敌，以扑食蚜虫，减轻危害。

（四）螨类

1. 根螨

分布广，繁殖快，危害重，是大蒜田间及贮藏期间的危险害虫。

（1）危害症状。成螨及若螨蛀食大蒜植株的鳞茎，使被害鳞茎腐烂发臭，地上部枯萎死亡。贮藏蒜头被害时也会腐烂发臭或干燥成为空壳。

（2）形态特征。成螨体长0.58～0.81mm，宽卵圆形，似洋梨状，表面白色，光滑发亮，有4对短而粗的足。卵为椭圆形，长0.2mm，乳白色，较透明。

（3）生活习性。以成螨及若螨在大蒜植株内或土壤中越冬，也可以卵在大蒜鳞茎内越冬。成螨在大蒜鳞茎基部的凹陷处产卵，多为单粒或数粒，每个雌螨约产卵600粒，一般为20～30天繁殖1代。发育适温为20～25℃。易发生在有机质丰富的酸性沙质土壤中。

2. 腐嗜酪螨

为世界性害虫，分布广，繁殖快，危害重。主要危害贮藏的蒜头，近年来在大蒜田间也有发生。

（1）危害症状。成螨及若螨为害蒜头时，初期蛀食蒜瓣表面，以后逐步蛀入蒜瓣内部，形成许多不规则的孔洞。被害蒜头在潮湿条件下腐烂，在干燥条件下则枯黄干瘪。在田间，植株鳞茎基部受害后，则引起腐烂发臭，导致植株枯死。

（2）形态特征。成螨卵圆形，体长0.51～0.61mm，宽0.27～0.29mm。体表光滑，乳白色，半透明，有4对短而粗的足。卵长椭圆形，长0.09～0.12mm，宽0.05～0.08mm，乳白色。

（3）生活习性。以卵、若螨或成螨在蒜头内越冬。成螨在大蒜鳞茎茎盘上的蒜瓣基部缝隙处产卵，或在被害部位的孔洞中产卵，多数产卵成堆，少数为单粒。每头雌螨产卵85～100粒。繁殖适温为20～24℃，最适空气相对湿度为80%～90%。腐嗜酪螨具群居性，喜生活在潮湿霉烂的环境中。

3. 瘿螨

瘿螨又叫郁金香螨，分布广，为世界性害虫。

（1）危害症状。以成螨及若螨为害贮藏的蒜头，有时田间蒜头也可受危害。多从蒜头的茎盘边缘缝隙处入侵，在蒜瓣基部的肉质部刺吸汁液，以后逐渐转移到蒜瓣的尖端部为害，使蒜瓣逐渐萎蔫、变褐、干枯，蒜头成为空壳。在湿度高的条件下，被害蒜头的伤口还会感染许多病菌，使蒜头腐烂发臭。

瘿螨还是病毒病的传毒媒介，带毒量大，传毒快，毒期长，危害重，对大蒜的传毒率达100%。凡被瘿螨危害过的大蒜，播种后长出的幼苗呈现多种病毒病症状，生长缓慢，不抽薹，不形成蒜头，或形成独头蒜。

（2）形态特征。成螨体形很小，为胡萝卜状、乳黄色蠕形虫。雌螨在蒜瓣表面产卵，多为单粒，极少数产卵成堆。

卵近球形，乳白色，略透明。初孵出的若螨无色，半透明，脱皮后逐渐变为乳白色，随着螨龄的增大，体色略有加深。

（3）生活习性。繁殖的最适气温为15～20℃，最适空气相对湿度为70%～95%。气温低于3℃、空气相对湿度低于60%时，生育停止。

4. 螨类害虫防治方法

根据大蒜螨类害虫可在蒜头贮藏期间发生，又可在田间生长期间发生的特点，防治工作可以从以下4个方面进行。

（1）蒜头贮藏期间如发现螨类为害时，可用硫黄粉熏蒸。每立方米空间用硫黄粉100g，加入少量锯木屑，拌匀后装在容器中，放在蒜头贮藏室内，点燃后将门窗封闭，熏蒸24h，杀螨效果达100%，但对卵无效，可待卵孵化后再熏蒸1次。

（2）不与大葱、洋葱、韭菜连作，也不要毗邻种植，实行3～4年轮作。

（3）播种前严格选种，淘汰有病、虫的蒜瓣。掰蒜后剩下的蒜皮、蒜根、蒜薹残物及茎盘要全部集中烧毁，以减少侵染源。

（4）及时清除田间被害植株，烧毁或深埋，以减少螨源。

（五）大蒜粪蚊

1. 形态特征

雌性成虫体长2.5~2.8mm，体宽1~1.1mm，雄性成虫体长2.1~2.5mm，体宽0.8~1mm，翅展4.5~5mm。全身黑色，有光泽，头小，有1对复眼，3个单眼。触角短而粗，黑色。头下有短而粗的喙。中胸两侧具有能飞翔的前翅，翅膜无色透明。后翅退化成平衡棍。腹部圆筒形，雌虫可见8个腹节，雄虫可见7个腹节。

卵长椭圆形，长约0.2mm，初期乳白色，以后变为黄色。

老熟幼虫体长3.9~4.1mm，宽0.6~0.8mm，黄褐色，头部后缘有很深的纵切痕。腹节无足，蠕动行走。虫体表面有刚毛。

蛹体长2.5~3mm，宽0.5~0.8mm。头部很像幼虫，无刺。蛹末节钝圆形。成虫由蛹皮背面的"T"字形垂直裂缝中钻出。

2. 发生规律

大蒜粪蚊以蛹或老熟幼虫在土壤或被害蒜头中越冬。成虫在大蒜植株根部土壤表层内产卵，多数产卵成堆，少数散产。孵化后的幼虫聚集在大蒜的假茎基部，由外向内蛀食，破坏假茎组织，使植株萎蔫枯死。当蒜瓣形成时，幼虫则蛀食蒜瓣外的嫩皮部分，使蒜瓣变软、变褐、腐烂，瓣肉裸露，甚至引起整个蒜头腐烂。幼虫具群居性，在被害植株内常有数条乃至数十条聚集在一起。

生育期适温为15~27℃，适宜的土壤湿度为土壤相对持水量的70%~95%。成虫具趋腐性，喜欢在潮湿、弱光及有腐烂物的环境中活动。

3. 防治方法

（1）避免连作，实行3~4年轮作。

（2）春播地区于秋季深耕翻地，消灭越冬虫蛹及幼虫。秋播地区于夏季深耕翻地，实行晒垡，消灭残留在土壤中的虫蛹及幼虫。

（3）大蒜生长期间加强除草、松土，使植株根际周围的表土干燥，抑制虫卵孵化及幼虫活动。

（4）幼虫期用50%辛硫磷乳油800倍液灌根。

三、草害

大蒜播后出苗慢，苗期长，加上叶片窄长，地面长期不能形成荫蔽状态，

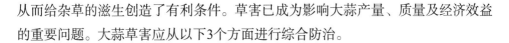

从而给杂草的滋生创造了有利条件。草害已成为影响大蒜产量、质量及经济效益的重要问题。大蒜草害应从以下3个方面进行综合防治。

1. 采用有利于防除杂草的轮作制度

南方水田的水稻与大蒜轮作，旱地的红薯与大蒜轮作；北方春播地区实行的土豆或黄瓜或西葫芦→白菜→大蒜轮作，都有利于减少蒜地杂草。

2. 机械及人工除草

用机械耕翻土地时，将多年生宿根性杂草的根、茎清除干净。大蒜生长期通过锄地去除行间及株间杂草，必要时辅以人工拔草。

3. 使用化学除草剂

目前使用化学除草剂是防除大蒜田间杂草的有效途径。理想的蒜田化学除草剂应具备的条件是：低毒、无残留，安全，成本较低；能兼除阔叶草、禾草和莎草；播种后发芽前至全生长期，只要避开大蒜1～2叶期，均可使用；对与大蒜间作套种的作物，如玉米、棉花等无毒害作用。

常用除草剂：330g/L二甲戊灵乳油150mL+26%噁草酮乳油90mL兑水30kg（约2桶）喷雾。喷药时注意倒退着走，防治踩踏药膜，影响药效。地膜覆盖栽培的大蒜，播种后先灌水，待水渗透完后喷施，喷药后2～3h盖膜。

蒜地使用化学除草剂应注意的事项：蒜地的杂草种类很多，有单子叶杂草、双子叶杂草、1年生杂草和多年生杂草，所以应当选择能兼除几类杂草的除草剂。如果长期使用某一种除草剂，则使蒜地杂草的种类和群落（或称种群）发生变化，从而增加除草的难度。

第六章　苍山大蒜种性退化与提纯复壮

良种是高产、稳产的基础，要提高大蒜产量，就要培育肥大而充实的蒜瓣。大蒜种性退化是目前大蒜生产上存在的主要问题。退化主要表现在植株矮小、假茎细弱、叶色变淡、鳞茎变小，小瓣蒜、独头蒜多，产量逐年下降。

一、退化原因

大蒜采用蒜瓣进行繁殖为无性繁育过程，蒜瓣是侧芽的变态，是大蒜母体的组成部分，因而不论繁殖多少代，它们依然是同一世代。生物界都是通过有性繁殖来产生生命力强的后代，而大蒜则是从鳞芽到鳞芽的无性繁殖过程，而未经有性世代，因而大蒜自身表现的衰老及生活力下降，就呈现为退化现象。这就是大蒜种性退化的内在因素。

栽培条件的不适，是引起大蒜退化的外因。土壤贫瘠，肥水不足，高度密植使个体发育不良而种性变劣；采薹过晚，方法不当，养分消耗过多，假茎损伤，选种不严均可导致大蒜种性退化。

二、复壮措施

目前解决品种退化，实现品种提纯复壮的主要途径有以下4条。

（一）异地换种

选择不同地区和栽培条件差异大的地方换种，如山区和平原、粮区与菜区换种，经2~3年可恢复生活力，具有一定复壮增产效果。但换种时必须注意南北方光照长短的差异，以防条件差异太大，不能正常形成鳞茎。

（二）建立蒜种生产制度

生产上沿用的留种方法是从生产田收获的蒜头中选留蒜种，一般不单独设立种子田，因而不能按照种子田的要求去栽培管理。加上选种目标不够明确、稳定，致使原品种的优良特征得不到保持和提高。品种提纯复壮，必须建立完整的蒜种生产制度，包括确立选种目标、提纯复壮繁殖原种及制定原种生产田技术措施。

1. 确立选种目标

各地都有适应本地区地理环境、气候条件并在某些方面有突出优点的名优大蒜品种。为了保持和不断提高其优良种性，以适应市场需求的变化，应根据生产目的，确定本地区主栽品种和配套品种的选种目标。

以生产蒜苗为主要目的的品种，其选种目标为：出苗早，苗期生长快，叶鞘粗而长，叶片宽而厚，质地柔嫩，株型直立，叶尖不干枯或轻微干枯。

以生产蒜薹为主要目的的品种，其选种目标为：抽薹早而整齐，蒜薹粗而长，纤维少，质地柔嫩，叶香甜，耐贮运。

以生产蒜头为主要目的品种，其选种目标为：蒜头大而圆整，蒜瓣数符合原品种特征，瓣型整齐，无夹瓣，质地致密脆嫩，含水量低，黏稠度大，蒜味浓，耐贮运。

因此，严格地讲，蒜苗生产、蒜薹生产及蒜头生产都应各自设立专门的种子田，从种子田的群体中，按各种的选种目标，连年进行田间选择和室内选择。

2. 提纯复壮繁殖原种

最简单的提纯复壮方法是利用一次混合选择法（简称一次混选法）（图1）。

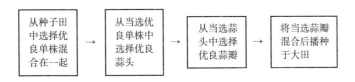

图1 大蒜简易提纯复壮法

每年按照既定目标，从种子田中严格选优，去杂除劣，将入选植株的蒜头混合在一起。播种前再将入选蒜头中的蒜瓣按大小分级，将1级或2级蒜瓣作为大田生产用种。

为了加强提纯复壮效果，还应将第一次混选后的种瓣（混选系）与未经混选的原品种的种瓣（对照）分别播种在同一田块的不同小区内，进行比较鉴定。如果混选系形态整齐一致并具备原品种的特征特性，而且产量显著超过对照，在收获时，经选优、去杂、去劣后得到的蒜头就是该品种的原原种。如果达不到上述要求，则需要再进行一次混合选择和比较鉴定。然后用原原种生产原种。由于大蒜的繁殖系数很低，一般为6~8，用原原种直接繁殖的原种数量有限，可以将原种播种后，扩大繁殖为原种一代，利用原种一代繁殖生产用种。与此同时，继续进行选优、去杂、去劣，繁殖原种二代。如此继续生产原种，直至原种出现明显退化现象时再更新原种（图2）

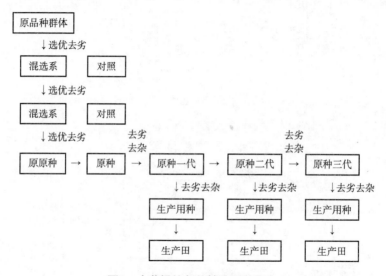

图2 大蒜提纯复壮繁殖原种程序

3. 制定大蒜原种生产田技术措施

大蒜原种生产田的栽培管理与一般生产田相比，有以下6方面的特殊要求。

（1）选择地势较高、地下水位较低、土质为壤土的地段作为原种生产田。前茬最好是小麦、玉米等农作物。

（2）播种期较生产田推迟10~15天。迟播的蒜头虽较早播者稍小，但蒜瓣数适中，瓣形较整齐，可用作种瓣的比例较高。

（3）选择中等大小的蒜瓣作种瓣。过大的种瓣容易发生外层型二次生长；过小的种瓣生产的蒜头小，蒜瓣少，有时还会发生内层型二次生长。二者都导致种瓣数量减少，质量下降。

（4）适当稀植。蒜头大的中、晚熟品种，行距20～23cm，株距15cm左右。蒜头小的早熟品种，行距20cm左右，株距10cm左右。原种生产田如种植过密，则蒜头变小，蒜瓣平均单重下降，小蒜瓣比例增多，可用作种瓣的蒜瓣数量减少。

（5）早抽蒜薹，改进采薹技术。当蒜薹伸出叶鞘口，上部微现弯曲时，采取抽薹法抽出蒜薹，尽量不破坏叶片，使抽薹后叶片能比较长时期地保持绿色，继续为蒜头的肥大提供营养。

（6）选优、去杂、去劣工作应在原种生产田中陆续分期进行。一般在幼苗期、抽薹期、蒜头收获期、贮藏期及播种前各进行1次。根据生产目的，各时期的选优标准要明确、稳定。

（三）气生鳞茎繁殖

1. 气生鳞茎繁殖的优点

大蒜用蒜瓣作繁殖材料时，1个蒜头中经挑选后可用于播种的蒜瓣不过6～8瓣（蒜瓣多的品种多一些），也就是说，繁殖系数一般为6～8，所以单位面积的用种量很大，使生产成本增大。当大面积生产时往往因蒜种不足而四处购种，造成品种混杂，蒜种质量差，产量和品质下降。另外，长期用蒜瓣繁殖时，病毒病代代相传，使蒜种退化。

用气生鳞茎繁殖的优点表现在以下2个方面。

（1）提高繁殖系数。一株大蒜上气生鳞茎的数目，不同品种间有很大差异。苍山大蒜一个总苞内平均23粒，单粒重0.35g，繁殖系数常年为1∶16以上，比其他品种提高繁殖系数3倍以上。

（2）后代生长势强。用气生鳞茎繁殖的后代，生长势强，抗病性增强，增产效果显著，蒜头商品率提高。

2. 气生鳞茎繁殖技术

（1）品种选择。不是任何品种都适宜用气生鳞茎繁殖。气生鳞茎仅有数粒的品种，繁殖系难以提高。气生鳞茎数目虽多，但个体太小的品种，培养成大的分瓣蒜头需要的年限较长。一般可选择单株空中鳞茎数20～30粒、平均单粒重在0.3g以上的品种。

（2）培育气生鳞茎。根据大田种植面积所需的蒜种数量及所用品种的空中鳞茎数和大小，建立一定面积的气生鳞茎培育圃，施足基肥。

头一年在生产田中选择具有原品种典型性状的单株，采用一次混合选择法收获蒜头，从中选择一、二级蒜瓣作为培育气生鳞茎的种瓣。播期较一般生产田提高10～15天，适当稀植。当蒜薹总苞初露出叶鞘口后，加强肥水管理，促进蒜薹生长和气生鳞茎的膨大。当蒜薹伸出叶鞘，总苞膨大后，将总苞撕破并摘除小花，使营养更多地集中到气生鳞茎中。待气生鳞茎的外皮变枯黄、已充分成熟时，带蒜头挖出。气生鳞茎的收获期一般比蒜头收获期晚10～15天。收获过早，气生鳞茎未充分成熟，播种后出苗率低；收获过晚，地下的蒜头易散瓣，使蒜头产量和质量降低，而且，气生鳞茎易脱落，不便管理。

挖蒜后，将符合原品种特征及选种目标的植株选出，连蒜头捆成小捆，放在阴凉处晾干，然后将总苞剪下，贮藏在干燥、通风处。

（3）培育原原种。气生鳞茎播种后形成的蒜头，称为气生鳞茎一代，可作为原原种。一般认为，气生鳞茎一代多为独头蒜，将独头蒜播种后才产生分瓣、抽薹的蒜头，所以，用气生鳞茎作繁殖材料比直接用蒜瓣作繁殖材料要多花1年的时间。实际上气生鳞茎的大小与分瓣和抽薹的关系很密切，用气生鳞茎生产出来的蒜头不一定都是独头蒜。据原苍山县科委以苍山大蒜的气生鳞茎所做的试验表明：单粒重超过0.5g的气生鳞茎，当种植密度为每亩10万粒时，气生鳞茎一代的有薹分瓣蒜占86.8%，无薹分瓣蒜占6.3%，独头蒜占6.9%；单粒重小于0.3g的气生鳞茎，当每亩种植密度为15万粒时，气生鳞茎一代的有薹分瓣蒜为15.2%，无薹分瓣蒜占32%，独头蒜占52.8%。当然品种不同时，之间差异较大，应根据试验结果来确定。

播种前半总苞内的气生鳞茎搓散脱粒，按大小分为2～3级别。将独头蒜形成百分率最低、分瓣蒜形成百分率最高的大粒气生鳞茎定为1级，作为培养气生鳞茎一代的蒜种；将独头蒜形成百分率最高的小粒气生鳞茎定为2级或3级，作为生产独头蒜或进一步繁殖原种的蒜种；太小的气生鳞茎使用价值不大，可淘汰。

原原种培育圃要选择腾地早、土壤肥沃的地块，施足基肥，精细整地。播种期较生产田提早10～15天，以加长越冬前幼苗的生长期。行距15cm，株距5～6cm，开沟后点播。播种后加强田间水、肥管理及中耕除草工作。冬前及早春返青后，追肥2～3次，每次施尿素10kg/亩或氮磷钾复合肥15kg/亩。促进幼苗生长健壮，能在当年形成较大的、有蒜薹的分瓣蒜。蒜头成熟后及时收获，晾晒后将分瓣蒜和独头蒜分别扎捆或编辫存放。

（4）培育原种。气生鳞茎一代蒜种收获后，在存放期间及播种前，严格进行选优、去杂、去劣工作，将选出的种瓣按每亩3万～4万株的密度播种，所生产的蒜头为气生鳞茎二代，也就是原种。如果所生产的原种数量充足，可将其中一部分用作繁殖生产用种，另一部分用于生产原种一代；如果当年生产的原种数量不足，可全部用于生产原种一代，再由原种一代生产原种二代及繁殖生产用种。一般繁殖到原种四代时，复壮效果已不大显著，所以最好每隔2～3年用同样方法对原种进行一次复壮。

以上是指兼顾品种提纯复壮和提高繁殖系数双重目的的气生鳞茎繁殖程序。如果栽培面积较小，而且主要是为了提高繁殖系数，可以每年划出一定面积作为气生鳞茎培育圃，便能解决蒜种自给自足问题。

气生鳞茎繁殖虽然有它的优点，但目前在生产上尚未得到广泛应用。究其原因为以下三个方面：一是不如异地换种简便、快捷；二是留气生鳞茎的植株没有蒜薹产量，当年收入减少；三是留气生鳞茎的植株，蒜头产量也受影响。但从品种提纯复壮及提高繁殖系数所产生的长远效益看，利用气生鳞茎仍不失为一项有效措施。

（四）脱毒苗繁殖

大蒜感染病毒病是引起种性退化的主要原因。国内主要大蒜产区，病毒病严重时，发病株率几乎达到100%。由于大蒜是无性繁殖作物，连年利用蒜瓣繁殖，使病毒病逐年积累并代代相传，致使种性退化，产量和品质逐年下降。

目前国内外普遍认为，将蒜瓣内幼芽的茎尖分生组织，切取0.1～0.2mm，经植物组织培养获得的脱毒苗，是解决大蒜品种退化、提高大蒜产量和质量的有效途径。这是因为，在感染病毒病的植株体内，病毒的分布不均匀，一般在生长点部位（茎尖分生组织）不带毒，所以用茎尖分生组织进行组织培养，可以繁殖出脱毒苗（或称无毒苗）。由脱毒苗产生的小鳞茎（称当代或零代鳞茎）个体小，产量低，但由当代鳞茎繁殖的一代、二代及三代鳞茎，产量迅速增长。据原苍山县科委试验，苍山大蒜由当代鳞茎繁殖的一代无性系鳞茎，产量较未脱毒的增加23.7%～48.6%，二代鳞茎增产38.2%～76.3%，三代鳞茎增产52.4%～112.3%；脱毒大蒜的蒜薹较未脱毒蒜的蒜薹粗而长，二代及三代鳞茎的单薹重增加1倍以上，长度增加22.5%～66.8%。

我国从20世纪80年代初即开始研究大蒜的脱毒技术，取得了一些进展。原苍山县科委与北京市农林科学院合作进行脱毒技术大田生产应用研究，已基本解决了实验室大蒜茎尖培养脱毒苗、温室繁育脱毒母种、网室扩大繁育脱毒原种及种子田繁育生产用种的一系列技术措施（图3）。

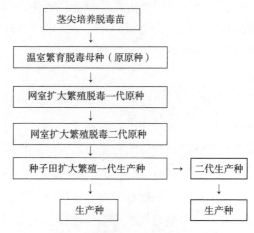

图3　大蒜脱毒苗繁殖程序

1. 脱毒苗培养

（1）打破休眠。将刚采收的新鲜鳞茎置于5~10℃温度下25~30天，以打破休眠，便于及早进行茎尖培养。

（2）预脱毒。将打破休眠后的鳞茎置于36~38℃温度下30天左右，使病毒钝化，可提高脱毒率，产生较多的健康苗。

（3）表面消毒。将蒜瓣皮剥掉后，放在2%的次氯酸钠溶液中消毒15min，用无菌水冲洗数次，再投入75%酒精中浸泡20秒钟，取出后在酒精灯上烧一下，在超净工作台内的解剖镜下，切取长0.5~1mm的茎尖。

（4）诱导生芽。培养基用B_5+6-苄基嘌呤3mg/L+萘乙酸0.1mg/L配制而成，分装在若干个三角瓶内，在121℃温度下，高压灭菌15~20min，冷却后备用。将切下的茎尖立即接种一培养基上，密封瓶口后，置光照培养箱或组培室内的培养架上。培养条件为：日光灯人工光源2 500~3 000lx 16h，暗期8h，温度23~25℃。

（5）诱导生根。当幼苗长到2~3cm高时转接到B_5+萘乙酸0.053mg/L的诱导生根培养基上，在同样的培养条件下培养，使幼苗基部生根。

（6）移栽试管苗，繁育脱毒原原种。将生根的脱毒苗移栽到装有以蛭石为基质的塑料钵中，放在温室中培养。移栽初期浇灌浓度为30%的B₅溶液，成活后适当补充氮肥和钾肥。初移栽时，由于幼苗柔嫩而且根系少，温室内的温度应控制在10～15℃并在苗上部加盖塑料薄膜保湿，减少水分蒸发，防止幼苗萎蔫。幼苗成活后揭掉薄膜，温度逐步升高到25℃左右，促进幼苗生长。

由于在进行茎尖培养时难以做到切取长度不超过0.1mm的茎尖分生组织，所以脱毒率达不到100%，这就需要在繁育脱毒原原种时，就进行脱毒效果的检测及未脱毒苗的淘汰工作。

由于大蒜花叶病毒病是由多种病毒复合侵染所致，而用茎尖分生组织脱毒的效果，因病毒种类的不同而异，所以在检测脱毒效果时，应当制备大蒜复合病毒抗血清，以常规酶联夹心法检测脱毒效果比较准确可靠。经检测后，淘汰未脱毒株，对已脱毒株还要进一步作特征特性方面的观察记载。

幼苗生长到一定程度后，基部膨大形成小鳞茎，小鳞茎成熟后，地上部干枯，可收获贮藏，这就是脱毒原原种，又称当代或零代鳞茎。

（7）网室扩大繁殖脱毒一代及二代原种。蚜虫是病毒传播的主要媒介，为了防止脱毒原原种重新感染病毒，脱毒一代及二代原种的繁殖工作都要在网室中进行。网室内的土壤事先要消毒。脱毒效果的检测工作仍要继续进行。

（8）种子田扩大繁殖生产种。脱毒一代及二代原种的数量仍有限，再扩大繁殖时必须在田间进行，生产出大量的生产种，才能应用到大田生产中。

在种子田里繁殖的生产种，仍会因蚜虫传毒而再度受到感染，使生产种的增产效果只能保持3～4年，所以在种子田里繁殖一、二代后要尽快用到大田生产中。

上述茎尖脱毒、病毒的检测、脱毒原原种的室内快速繁殖、脱毒原种的扩大繁殖乃至种子田生产种的扩大繁殖，需要较先进的仪器设备和成熟的配套技术，目前，在农村尚难以推广，因此一些主要大蒜产区如能建立脱毒蒜种产销机构，蒜农便可直接购买生产种用于大田生产。

2. 应用脱毒蒜种应注意的问题

脱毒大蒜的生产种用于大田生产后，由于蚜虫的传毒而再度感染的情况仍然严重，需要注意以下5点。

（1）侵染我国大蒜的病毒有很多种，其中最主要的是大蒜花叶病毒

（GMV）和洋葱黄矮病毒（OYDV），因此在脱毒大蒜田周围不能种植洋葱等葱属作物，以免交叉感染。

（2）田间采用物理方法诱蚜、避蚜及喷农药灭蚜，消灭传毒媒介。具体方法参见本书病虫害防治部分。

（3）购买脱毒生产种时最好选购增产效果较显著的一代生产种。

（4）脱毒生产种用于大田生产后，由于再度感染病毒病，增产效果会逐年下降，所以需要更新。一般每3年更新一次，重新购进一代或二代生产种。

（5）增施有机肥和磷、钾肥，适当控制速效性氮肥的施用。因为脱毒生产种的生长势强，植株高大，如果速效性氮肥施用过多，施用期偏晚，植株生长过旺，容易发生"二次生长"，降低蒜头和蒜薹的产量和质量。

第七章　苍山大蒜生产中存在的问题及对策

大蒜生产中存在的问题很多，有的属于生理异常现象，有的属于栽培技术不当；有的带普遍性，有的则是在少数地区、少数年份发生。其中发生最普遍、对大蒜生产影响最大的问题是二次生长，其他还有：裂球散瓣、抽薹不良、葱头蒜、瘫苗、干梢、管叶、开花蒜、变色蒜及棉花蒜等。

一、苍山大蒜二次生长

大蒜二次生长是蒜头收获前蒜瓣就萌发生长的异常现象。国内外对这种现象采用的名词很多，除二次生长外还有：次生蒜、马尾蒜、胡子蒜、分株蒜、分权蒜、背娃蒜、复瓣蒜、再生叶薹、冒樱子等。

我国是世界上大蒜出口的主要国家之一，国际市场竞争激烈，对大蒜质量的要求很高。我国的出口大蒜要求蒜头白净，外皮完好，形状圆整，直径在 4～5cm 以上，无畸形，无霉变，无虫蛀，无泥土杂质，无须根，秆（叶鞘）长不超过2cm。发生二次生长的蒜头形成畸形，蒜瓣排列错乱，而且易松散脱落，既达不到出口标准，又满足不了国内市场的需求，使蒜农蒙受重大经济损失。

在兰陵县蒜区大蒜二次生长现象是相当普遍的，发生严重的年份二次生长发生株率高达50%以上，严重影响蒜头的产量和质量。原苍山县蔬菜局（1998—2002）对大蒜二次生长进行子比较系统深入的调查研究，发现大蒜二次生长有不同的类型，发生的原因错综复杂，初步找到了一些综合防治对策。

1. 大蒜二次生长类型

根据二次生长在大蒜植株上发生的部位，可分为以下3种类型。

（1）外层型二次生长。大蒜植株外层叶片的叶腋中萌生1至数个鳞芽，鳞

芽延迟进入休眠而继续分化和生长，形成独瓣蒜，或没有花薹的分瓣蒜，或有花薹的分瓣蒜，结果在蒜头的外围着生一些排列错乱的蒜瓣或小蒜头，使整个蒜头成为畸形。这种类型的二次生长对商品品质的影响最大。

（2）内层型二次生长。在大蒜植株内层叶的叶腋中，正常分化的鳞芽延迟进入休眠，鳞芽外围的保护叶继续生长，从植株的叶鞘口伸出，形成多个分权。有的分权发育成正常的蒜瓣；有的分权发育成分瓣蒜，其中有少数分瓣蒜还形成了花薹。轻度的内层型二次生长对蒜头的外形影响不大，发生严重时，蒜薹变短，薹重降低，蒜瓣排列松散，蒜头上部易开裂，所形成的分瓣蒜外观酷似一个肥大的正常蒜瓣，常被选作蒜种，但播种后由一个种瓣中长出2株以上蒜苗，从而影响下年度蒜头的产量和质量。

（3）气生鳞茎型二次生长。蒜薹总苞中的气生鳞茎延迟进入休眠而继续生长成小植株，甚至抽生细小的蒜薹。发生气生鳞茎型二次生长的植株，常使蒜薹短缩，丧失商品价值，但对蒜头的影响不大。这种类型的发生率一般很低。

除了上述3种基本的二次生长类型外，有时在同一植株上还会出现两种类型混合发生的情况。

2. 大蒜发生二次生长的原因

据目前所知，与大蒜二次生长有关的影响因素有以下8个方面。

（1）品种遗传性。苍山大蒜为内层及外层型二次生长均可发生的品种，但遗传性不够稳定，有时二者同时发生，有时只发生外层型二次生长或只发生内层型二次生长。至于二次生长发生的严重程度则与栽培技术和气候状况有密切关系。当然品种之间也有差异，苍山大蒜的3个地方品种中，以高脚子发生二次生长的现象最轻。

（2）蒜种贮藏期间的温度和湿度。蒜种贮藏期间的温度对二次生长有显著影响，低温有促进作用，但不同品种对低温的反应程度有差异。苍山大蒜对低温和冷凉条件的反应也是较敏感的，外层型和内层型二次生长也有较大幅度的增加，其中外层型二次生长的增加幅度较大。

蒜种贮藏场所除温度对二次生长有影响外，空气相对湿度也有影响，而且温度与空气相对湿度之间有互相关系。据程智慧（1992）报道，苍山大蒜于播种前30天在5℃和75%～100%空气相对湿度下贮藏的蒜种，秋播后，翌年外层型二次生长指数比在5℃和25%～50%空气相对湿度下贮藏的蒜种增加3.3倍；内层型二次生长指数增加1.9倍。而在15℃和25℃下贮藏的蒜种，不同空气相对湿度（25%～100%）间，无论是外层型二次生长还是内层型二次生长的发生程度均无显著差异。所以，为了减少二次生长的发生，在蒜种贮藏期间不但要避免低温，而且要避免75%以上的空气相对湿度。

（3）播种期。播种期对苍山大蒜二次生长的影响还与土壤湿度有关，通过试验表明：播种期和土壤湿度对外层型二次生长的发生影响不大，但对内层二次生长的发生有影响。播期无论早晚，土壤湿度高（土壤相对含水量为90%）时，内层型二次生长发生株率比土壤湿度低（土壤相对含水量为50%）的极显著增高。土壤湿度高而且播期早时，对内层型二次生长的发生更有利；播期虽然早，但土壤湿度低时，则不利于内层型二次生长的发生。

因此，在调查研究播种期与大蒜二次生长的关系时，应综合考虑上述各种因素，从而确定当地的适宜播种期。当然，大蒜适宜播种期的确定，既要考虑防止二次生长的需要，又要兼顾生产目的的需要。在以外贸出口为主的大蒜产区，为了达到出口质量标准，播期的确定应以防止二次生长、提高蒜头质量为主要依据。

（4）蒜瓣大小。国内外有关蒜瓣大小与二次生长的关系，有3种不同的报道：一是，大蒜瓣的二次生长株率比小蒜瓣高；二是，小蒜瓣的二次生长株率比大蒜瓣高；三是，蒜瓣大小与二次生长之间没有多大关系。蒜瓣大小与二次生长间的关系，因播种前蒜种贮藏条件和种植密度不同而有不同。

在室温下贮藏的蒜种，大蒜瓣（重3～4g）比小蒜瓣（重1～2g）易发生外层型二次生长，而蒜瓣大小对内层型二次生长的发生没有显著影响。播种前25～30天进行冷凉处理（温度为16～17℃，空气相对湿度为95%），蒜瓣愈大，外层型二次生长愈严重；而小蒜瓣一般比大蒜瓣容易发生内层型二次生长。

种植密度（行距22cm，株距分15cm、10cm和7cm）对外层型二次生长的发生没有显著影响，但对内层型二次生长的影响很显著。稀植（行距22cm，株距15cm）对内层型二次生长的发生有极显著的促进作用，而且较小的蒜瓣（重1～4.5g）比大蒜瓣（重5～6g）容易发生内层型二次生长；密植（行距22cm，株距7cm）时，内层型二次生长株率极显著降低，而且蒜瓣愈小，内层型二次生长株率愈低。

总之，研究蒜瓣大小与二次生长的关系时，首先应了解品种的二次生长类型，并综合考虑蒜种贮藏条件、种植密度等因素，根据生产目的选用适当大小的

蒜瓣播种，以达到产量和质量的统一。

（5）灌水。灌水时期和灌水量对大蒜二次生长的发生有重要影响。全生育期，特别是鳞芽分化以后，灌水次数多，每次的灌水量又大，土壤湿度高（相对含水量为80%～95%），对外层型二次生长和内层型二次生长的发生都有促进作用，不过对前者的促进作用大于后者。土壤湿度低（相对含水量为50%），外层型二次生长和内层型二次生长都不发生，但蒜薹和蒜头产量降低。

（6）施肥。在施用有机肥作底肥的基础上，氮肥的使用量和使用次数对二次生长也有影响。氮肥施用量大，二次生长株率增高。同样数量的氮肥，施用次数不同时，二次生长的发生情况也不同，据试验，每亩施尿素30kg，分别在播种期、烂母期和返青期各施1/3的处理区，外层型二次生长和内层型二次生长都比分两次的播种期和退母期各施1/2，或在播种期作为基肥施用的处理区增多。兰陵县大蒜产区的农民认为，早春大蒜返青后施用的速效性氮肥量愈多，二次生长愈严重。

（7）覆盖栽培。大蒜覆盖栽培有两种方式，一种是地膜覆盖栽培，另一种是塑料拱棚覆盖栽培，目前应用较普遍的是前一种方式。生产实践证明，大蒜地膜覆盖栽培有增产增收的效果，但有时会出现二次生长增多，蒜头形状不整齐，蒜瓣数增多，蒜薹短缩、发育不正常等现象，究其原因是与地膜覆盖后土壤温、湿度及养分的变化有关。

兰陵县地区，覆盖地膜后，土壤温度上升，含水量提高，有效养分增多，肥力增高。所以大蒜的整个生育过程都提前，植株生长旺盛，花芽和鳞芽分化期提前。花芽和鳞芽分化后常处于日照时间较短、土壤温、湿度适宜及多肥等有利于二次生长发生的环境中，使二次生长增多。

春播地区由于同样的原因，植株生长旺盛，但经受的低温程度和低温持续期不够，花芽和鳞芽分化期推迟，蒜薹和蒜瓣发育不正常，从而产生蒜薹短缩、苞叶特别长、不能伸出叶鞘、二次生长增多、蒜头畸形、蒜瓣数增多等现象。

实行地薄膜拱棚覆盖栽培时，去膜时间对二次生长有影响，苍山大蒜早春去膜时间晚，二次生长增多。

（8）气候。大蒜二次生长发生的程度，在不同年份往往有很大的差异。气候包括温度、降水、空气湿度、日照等因素，有关气候变化与二次生长关系的研究报道还很少，就现有研究资料来看，以花芽和鳞芽分化为中心的气候状况，对二次生长的发生有较大的影响。如果兰陵县地区冬季温暖，植株生育迅速，早春气温回升快，花芽和鳞芽分化早，分化后日照较短，如果又遇连续降温和降雨天气，土壤湿度大，温度低，鳞芽再次感受低温，再次分化出鳞芽和花芽，以后在长日照高温条件下形成二次生长植株。

此外，大蒜在花芽和鳞芽分化期地上部或地下部受到损伤时，对大蒜二次生长也有促进作用。

3. 防止大蒜二次生长的对策

（1）蒜种贮藏场所应保持20℃以上的温度和75%以下的空气相对湿度，最好在通风良好的室内挂藏。

（2）苍山大蒜播种期不要太晚或太早，应适期播种，有利于减少大蒜的二次生长。

（3）苍山大蒜以生产商品蒜头为主要目的而选用大蒜瓣（重5g以上）播种时，要适当密植，行距22cm，株距10cm。人蒜瓣稀植时，对内层型二次生长的发生有促进作用，以生产蒜薹为主要目的时，采用行距22cm，株距7cm，不但可提高蒜薹产量，而且可减轻内层型二次生长的发生。

（4）基肥采用有机肥和氮磷钾复合肥。用速效性氮肥作追肥时，忌多次多量施用，特别是返青期要少施或不施速效性氮肥。全生育期，特别是花芽和鳞芽分化期，不要多次大量灌水。当然，大蒜的水、肥管理与其他技术措施一样，应将丰产与优质通盘考虑，争取在最大限度降低二次生长的同时，达到丰产丰收和优质。

（5）覆盖蒜应注意以下几点。

①苍山大蒜的播种期应比不覆盖栽培的推迟5~10天，使苗期生长不过旺，使花芽和鳞芽分化后地温持续升高和日照时间逐渐加长的环境中，以利花芽和鳞芽的正常发育。

②施用长效性有机肥和化肥作基肥，在做畦时一次施入。氮肥用量较不覆盖栽培者减少1/3左右。磷、钾肥用量与不覆盖栽培相同。揭膜前不施追肥。

③采用塑料薄膜拱棚覆盖栽培时，盖膜时间不宜太早，使苗期经受足够的低温，促进花芽和鳞芽分化。最好在花芽和鳞芽开始分化后盖膜，以提高棚内温度，与此同时，日照时间逐渐加长，花芽和鳞芽可正常发育。揭膜时间不可过迟，一般当气温稳定在15℃以上、蒜薹行将露出总苞时，便可揭去棚膜或地膜。揭膜时间晚，二次生长增多，同时花薹迅速生长时气温和地温过高，对花薹发育不利，畸形蒜薹增多。

④田间操作时尽量避免对植株的地下部或地上部造成机械损伤。

二、苍山大蒜裂头散瓣

蒜头的外面原来是由多层叶鞘（蒜皮）紧紧包裹着，蒜瓣不易散裂。如果包被蒜头的叶片数少，蒜瓣肥大时会将叶鞘胀破；或叶鞘破损、腐烂，蒜瓣外压力减小，或蒜头的茎盘发霉腐烂，蒜瓣与茎盘脱离，这些都会造成蒜头开裂、蒜瓣散落的现象。产生这种现象的原因有以下7个方面。

1. 品种特性

苍山大蒜蒜头的外皮薄而脆，很容易破碎。

2. 地下水位高，土质黏重

在地下水位高、土质黏重的地块种植大蒜，由于排水不良，土壤湿度大，叶鞘的地下部分容易腐烂，造成裂头散瓣。可采用高畦栽培或选择地下水位较低的壤土或沙质壤土栽培。在疏松土壤上进行地膜覆盖栽培时，应在蒜瓣萌芽期分两次将畦面轻轻拍实，然后覆盖地膜，使苗的生长稳定，以免蒜瓣露出地面，发生裂头散瓣。

3. 播期不当

播种期过早时，在蒜头膨大盛期植株早衰，下部叶片多变枯黄，蒜头外围的叶鞘提早干枯，蒜头肥大时易将叶鞘胀破，造成裂头散瓣。播种过晚时，花芽分化时的叶片数少，蒜头膨大时也容易将叶鞘胀破。播种期适宜时，花芽分化时有较多的叶片，可以较好地保护蒜头。

4. 田间管理措施不当

中耕、灌水、追肥不当都会引起裂头散瓣。

苍山大蒜早春返青后，要浅中耕；蒜头肥大期应停止中耕，以免损伤蒜头外皮。蒜头收获前半个月左右浇水过多或降雨过多或排水不良时，由于土壤湿度大，地温又高，蒜头外皮容易腐烂，造成裂头散瓣。所以，收获前应根据土壤墒情和天气情况，适当控制灌水，并做好开沟排水工作，降低土壤湿度。

植株生长期间要避免多次大量施用速效性氮肥，防止由于发生二次生长而造成的裂头散瓣。已发生二次生长的植株要适当提早收获，否则易裂头散瓣。

5. 采收时期及方法不当

过早抽取蒜薹或抽蒜薹时蒜薹从基部断裂，造成蒜头中间空虚，也容易散瓣。

蒜头采收过迟，蒜头外皮少而薄，特别是当土壤湿度大时，外皮易腐烂，茎盘易枯朽，造成裂头散瓣。除了要掌握蒜头成熟期标准外，蒜头收获后应及时将根剪去，则残留在茎盘上的根段在干燥过程中呈米黄色，而且坚实紧密，对茎盘起保护作用，不易散瓣。

6. 蒜头收获后遇连阴雨

蒜头收获后遇连阴雨无法晒干时，如果堆放在室内，茎盘易霉烂，造成散瓣。量少时可将大蒜植株移至室内，蒜头朝上摆放在地上晾。量多时可将蒜头朝下摆在秸秆架上，上面用苫席和防雨布遮盖，周围挖排水沟，待雨停后立即揭席通风。

7. 贮藏方法不当

蒜头经晾晒后移至室内挂藏时，如果过于拥挤，而且离地面又近，在多雨季节蒜头会返潮，茎盘发霉腐烂，引起裂头散瓣。

三、苍山大蒜抽薹不良

大蒜的抽薹性主要取决于品种的遗传性，有完全抽薹、不完全抽薹及不抽薹品种之分。但有时原来是完全抽薹的品种，却出现大量不抽薹或不完全抽薹的植株，这是由于环境条件不适或栽培措施不当造成的。贮藏期间已解除休眠的蒜瓣，或播种后的萌芽期和幼苗期，在0~10℃低温下经30~40天以后就可以分化花芽和鳞芽，然后在高温和长日照条件下便可以发育成正常抽薹和分瓣的蒜头。如果感受低温的时间不足，就遇到高温和长日照条件，花芽和鳞芽不能正常分化，就会产生不抽薹或不完全抽薹的植株，而且蒜头变小，蒜瓣数减少，瓣重减轻。如果苍山大蒜播种时间过晚，低温感应不足，植株瘦弱，营养生长不良时，不分化花芽，大的种瓣则形成不抽薹的分瓣蒜，小的种瓣则形成不抽薹的独瓣蒜（也叫独头蒜）。

四、苍山大蒜的"面包蒜"

大蒜植株基部不膨大，不形成蒜头，形似面包，故名"面包蒜"。近几年来面包蒜的现象在兰陵县蒜区时有发生，群众叫"公蒜"。产生面包蒜的重要原因之一是由于鳞芽分化发育期日照时间不足造成的。另一方面，蒜种贮藏期间或

播种后没有经历足够天数的低温以及栽培管理粗放，苗的生长瘦弱时，鳞芽不能分化，不形成蒜瓣，从而产生"面包蒜"。

到目前为止，由于天气造成的面包蒜还无法避免。

五、苍山大蒜叶尖枯黄

大蒜叶尖枯黄除了可能的烂母期发生外，在其他时期也可能发生。其原因主要有：

第一，退母期养分供应不足；

第二，冬季土壤干燥，水分供应不足；

第三，土壤排水不良，根系呼吸受阻，植株受湿害；

第四，土质黏重而且耕土层浅，根系分布浅，易受土壤过干过湿的影响，春季气温上升时，表现明显；

第五，在相同栽培条件下，不同品种间叶尖枯黄的程度有差异。如苍山糙蒜叶尖枯黄的比例就大于其他两种。

防止或减轻叶尖枯黄的根本途径是：选择地下水位较低，排水良好的沙壤土种蒜；实行高畦栽培，加深耕土层，促进根系发生；维持比较稳定的土壤湿度，避免忽干忽湿以及保证"烂母期"的养分供应。

六、苍山大蒜的瘫苗

大蒜未达收获期，植株假茎变软，叶长变枯黄，瘫伏在地上，这是一种早衰现象，严重影响大蒜产量和品质，群众习惯叫瘫苗（或称瘫秧）。产生瘫苗的原因有以下3点。

（1）与品种习性有关。如苍山大蒜糙蒜品种表现早衰严重，有的年份瘫苗率达60%，成为兰陵县蒜区大蒜生产的一大障碍。

（2）重茬地病虫害严重，地下害虫为害根系，使植株吸水吸肥能力减弱；葱蓟马为害叶片，灰霉病、叶枯病为害叶片，使植株营养不良，引起植株早衰。

（3）肥水管理不当，苗子营养不良或过量施用氮肥使苗徒长，也容易引起瘫苗。

防治对策：在主选苍山蒲棵和高脚子品种的前提下，加强田间管理，积极防治病虫害，给大蒜生产创造一个良好的生态条件。

七、苍山大蒜的管叶

大蒜的正常叶片是狭长而扁平的，"管叶"则是中空的管状，形似葱叶，近年来兰陵县大蒜的主产区田块，管叶现象时有发生，发生株率一般在5%左右，严重的地块达20%以上。

管叶多在蒜薹外围第一至第五片叶上发生。蒜薹外围第一片叶为管状时，蒜薹的总苞被套在管叶中，蒜薹生长缓慢，以后随着总苞的伸长和加粗，管叶基部被胀破，但总苞的上部仍被套在管叶中，所以总苞成为环形。蒜薹外围第二片叶为管叶时，蒜薹及蒜外围的第一叶片均被套在管叶中；蒜薹外围第三片叶为管叶时，则蒜薹和蒜薹外围的第一和第二片叶均被套在管叶中。依此类推，所以管叶发生的叶位愈向下，被套在管叶中的叶片数愈多，使正处在鳞茎肥大期的植株，减少了制造养分的器官，导致蒜薹、蒜头产量和质量显著下降。

管叶现象的产生除了与品种特性有关外，还与蒜种贮藏湿度、种瓣大小、播期和土壤湿度有关。据报道，蒜种在5℃或15℃下贮藏，管叶发生株率比在25℃下贮藏的显著提高。大种瓣管叶发生株率较高，蒜瓣重为3.75~5.75g的大种瓣，管叶发生株率比重1.75g的小种瓣高1倍多。播种期早，管叶发生株率高，8月11日至9月10日播种，管叶发生株率为20%以上，9月24日播种，管叶发生株率下降至9.7%。土壤相对含水量低于80%，管叶发生株率增高。

根据目前已知的有关大蒜发生管叶现象的原因，兰陵县地区可采取以下防治措施：蒜种在室温下贮藏，避免长期处于15℃以下的冷凉环境中；选用中等大小的蒜瓣播种；适期晚播；保持适宜的土壤湿度，避免长期缺水。一旦发现管叶，可及时划开，以消除或减轻对蒜薹和蒜头的不利影响。

八、苍山大蒜的"开花蒜""变色蒜""棉花蒜"

（一）"开花蒜"

蒜头外皮破裂，蒜瓣上部向外裂开，似开花状。在鳞茎肥大期，锄地时如将假茎的地下部分或蒜头的外皮损伤，则蒜瓣肥大时产生的压力使蒜头上部的外皮破裂，蒜瓣间产生空隙，然后上部向外裂开。刚收获的新鲜蒜头，如果假茎基部受裂，以后在贮藏期间也会发生开花现象。所以，在鳞茎肥大期锄草时，要特别注意，避免损伤蒜头；在收获、晾晒及整理过程中也要避免假茎基部受到损伤。

（二）"变色蒜"

苍山大蒜为白皮大蒜品种，蒜头的外皮变为红色或白色中夹杂有红色条斑主要原因是：播种过浅，淡水或中耕后蒜头裸露，受太阳直射；鳞茎肥大期高温干旱，土壤水分不足；收获期太晚。蒜头外皮变为灰色或黄褐色主要原因是：种植地排水不良；收获期遇连阴雨，土壤湿度过大；收获后未及时晾晒，贮藏场所通风不良，湿度大等。

（三）"棉花蒜"

苍山大蒜在贮藏期间，有些蒜头外观完好但内部蒜瓣干缩变黑，整个蒜头成为空包，俗称"棉花蒜"。发生的主要原因是受菌核菌侵染，其次是毛霉、根霉等腐生霉菌的寄生。蒜头收获后若未充分晾晒就成堆，湿度大、温度高，极易感病蔓延。主要防治措施就是在田间要严格控制病原菌的侵染，收获后要及时晾晒，同时可以用多菌灵等药剂防治。

第八章　苍山大蒜贮藏与加工

一、蒜薹贮藏保鲜技术

1. 一般冷藏

一般冷藏是指在冷藏库中利用机械制冷系统控制所需低温的贮藏方式。

采收后的蒜薹要仔细挑选，淘汰有病斑、虫伤、机械伤、霉烂及总苞膨大变白的蒜薹。每0.5～1kg扎成一把，在冷库中预冷后装在筐里，每筐约装15kg。筐子码成垛，筐与筐之间、垛与垛之间都要留有空隙，以利通风。冷藏库中的温度保持（0±0.5）℃，空气相对湿度保持在90%以上。

这种贮藏方式比较简单易行，但贮藏期较短，一般为3个月左右。

2. 气调冷藏

收获后的蒜薹仍然是有生命的活体，继续进行呼吸，体内积累的养分（碳水化合物、蛋白质和脂肪等）通过呼吸作用被消耗掉。所以，采收后如果呼吸作用强，养分消耗快而多，就会使蒜薹的品质迅速变坏，乃至腐烂。

呼吸作用的强弱除了与温度的高低有关外，还受贮藏环境中气体成分，特别是氧气和二氧化碳浓度的影响。氧气是植物进行正常呼吸作用所必需的气体，空气中氧气含量高会促进呼吸作用，适当提高空气中二氧化碳含量，降低氧气含量，对呼吸作用有抑制作用。气调冷藏法就是利用这个原理，在适宜的低温条件下，减少贮藏环境空气中的氧气含量和提高二氧化碳含量，以达到延长蒜薹贮藏保鲜期的目的。

气调冷藏由于对气体调节的严格程度不同，可分为正规气调贮藏（英文缩写为CA）和限气贮藏（英文缩写为MA）两种。前者的设备及技术要求较高，目前国内尚未大规模应用。后者是兰陵县蒜薹冷库在20世纪80—90年代研究成功，

目前国内已广泛应用。

限气冷藏法按照蒜薹存放方式的不同，又可划分为小袋冷藏及大帐封垛冷藏两种类型。

（1）小袋冷藏。将经过严格挑选的蒜薹每1kg扎成一捆，放在0℃温度下预冷24～48h，当蒜薹温度达到冷库控制的温度为（0±0.5）℃时，装入用0.06～0.08mm厚的聚乙烯塑料薄膜制成的小袋中，袋长100～110cm，宽70～80cm。每袋装蒜薹10～15kg。袋口用线绳扎紧后摆放在冷库的架子上。上架以后的管理工作主要是温度、湿度和气体的管理。

①温度。蒜薹贮藏的适宜温度为0℃，要注意库温的变动幅度不超过±0.5℃。如果库温变化大，袋内易形成雾气和水流，袋内的二氧化碳溶于水以后，形成弱酸性水溶液，对蒜薹有伤害。所以应在冷库内的不同部位安放温度计，每天定期观察和调控。

②湿度。冷库内的空气相对湿度要求控制在85%～90%，袋内的相对湿度以95%左右为宜。袋内如出现薄雾状，表示湿度合适，如果出现水流，表示湿度过高，蒜薹有被微生物侵染而腐烂变质的危险，可结合放风，用消毒干毛巾擦干。

③气体。蒜薹贮藏的适宜气体含量为：氧气2%～3%，二氧化碳10%左右。开始时，袋内空气中氧气的含量为21%，二氧化碳为0.03%，以后由于蒜薹的呼吸作用，使氧气减少，二氧化碳增多。如果氧气长期低于1%，则会出现低氧伤害症状，蒜薹和总苞呈水烫伤状，蒜薹上出现灰色凹陷斑块并连接成片，薹变软，组织死亡。如果二氧化碳长期高于15%，蒜薹上也会出现水烫伤状。所以，要定期从袋中抽取气体，检测氧气和二氧化碳含量。当氧气低于2%，二氧化碳高于12%，就要加以调整，如果缺少检测仪器设备和气体调节技术，可采用简单的定期敞开袋口放风的办法。一般每7～10天放风1次。将袋口打开，更换袋内空气，袋内如有水珠，要用消毒毛巾擦干，约4h后将袋口扎紧。在每个放风周期内，袋内氧气含量在1%～20%变动，二氧化碳含量在1%～15%变动。在这种环境中蒜薹可贮藏7～8个月。

为了减少蒜薹贮藏期间开袋通风换气的麻烦，在小袋冷藏法的基础上又研制成硅窗袋贮法。就是在聚乙烯塑料薄膜小袋的一个面上，剪去10cm见方的开口，粘上硅橡胶薄膜，装入蒜薹后将袋口扎紧。硅橡胶薄膜具有特殊的透气性能，二氧化碳的透过速度比氧气快，不易出现二氧化碳中毒现象，因而可减少开袋通风换气的次数，蒜薹的贮藏期也比较长。但硅窗袋贮法也有缺点：硅橡胶膜价格较贵，使成本提高；整个贮藏期袋内氧气含量偏高，湿度偏高，贮藏后期蒜薹顶部常发生霉变。

东北农业大学和哈尔滨龙华保鲜袋制造厂联合研制成蒜薹专用保鲜塑料薄膜袋，每袋装蒜薹15kg，透气性比硅窗袋和塑料薄膜袋好，贮藏期间袋内的氧气和二氧化碳气含量，可在比较长的时期稳定在适宜指标范围内，所以贮藏期较长（8～9个月），蒜薹质量较高，损耗率较低。

（2）大帐封垛冷藏。用0.15～0.23cm厚的无毒聚乙烯薄膜制成长方形大帐，帐子的大小根据贮藏量决定，小帐贮藏蒜薹500～1 000kg，大帐贮藏蒜薹2 500kg左右。帐子的高度要比堆放蒜薹的高度高出40～50cm，以便封帐。在帐子的两个长面上，距帐底约1m处，各设一个取气孔，平时关紧，取气检测时打开。在帐子的两端各设一个直径为15～20cm的袖筒状开口，其中一个距帐底约0.8m，另一个距帐底约1.5m，平时将袖口扎紧，需要进行帐内气体循环时再打开。

将经过严格挑选的蒜薹扎成重1kg左右的小捆，经预冷后摆放在冷库中的货架上，或装在筐子里，码成垛。上架或码垛以前，先在架或垛的底部铺放垫底薄膜。垫底薄膜的面积要比架或垛底部的面积大。蒜薹码放完毕后，在垫底薄膜上铺一层消石灰（氢氧化钙），以吸收帐内过多的二氧化碳，消石灰的用量一般为蒜薹贮藏量的0.25%。然后将帐子底部的四周与垫底膜的四周叠卷在一起并压紧，以防漏气。

大帐封垛冷藏要求帐内氧气含量在2%～5%，二氧化碳含量为2%～8%，达到此要求的方法有两种：自然降氧和人工降氧。

①自然降氧。在封帐后靠蒜薹自身的呼吸作用使帐内的气体组成发生变化，氧气含量逐渐减少，二氧化碳含量逐渐增加，当二氧化碳含量上升到高限时，需要更换帐内的消石灰，以吸收过多的二氧化碳。与此同时还要适时补充帐内的氧气，方法是将袖筒状开口打开，使帐内空气流通，10～15min后关闭。在设备不足、技术力量较差的情况下，多采用这种方法。其缺点是，降氧慢，蒜薹在高氧环境中的时间较长，保鲜效果不如人工降氧。

②人工降氧。在封帐以后充入氮气，使氧气稀释到要求的浓度，并按要求的二氧化碳浓度充入二氧化碳。以后定期从帐中取气检测，按标准要求充氮降氧及补充二氧化碳。

为了提高大帐封垛冷藏时采用自然降氧法的贮藏保鲜效果，可以在大帐的四面各粘一个硅窗，利用硅窗的开闭，调节帐内氧气和二氧化碳的浓度。

二、蒜头贮藏保鲜技术

收获后的蒜头已进入休眠期，蒜瓣中的发芽叶停止生长。秋播地区在适温下贮藏的蒜头，一般在9月以内基本上可以保持原有品质，陆续投放市场。进入10月以后，一些品种的发芽叶便迅速生长，伸出发芽口，蒜瓣中的养分被消耗掉，肉质变松软，水分减少，味道变淡，品质下降。所以10月以后至翌年5月以前，在长达8个月的时间里，没有或很少有优质的新鲜蒜头上市。掌握蒜头贮藏保鲜技术，有以下4个方面的重要意义。

（1）实现新鲜蒜头的周年均衡供应，满足广大消费者的需要。

（2）提高大蒜生产的经济效益，增加生产者和经营者的收入。市场上蒜头的价格因季节和地区的不同而有很大差异。秋播地区，蒜头采收后至9月，价格较低，10月以后价格逐渐上扬，春节前后价格最高。另外，蒜头在国内的运销因受地区差价的影响而日趋频繁。只有采取贮藏保鲜措施，生产者和经营者才能从季节差价和地区差价中获取较好的收益。

（3）大蒜深加工有广阔的前景，加工厂要求原料能做到均衡供应，以保证均衡生产，不采取贮藏保鲜措施，难以满足要求。

（4）我国是大蒜出口大国。外商除了对蒜头规格有严格标准外，还要求延长供货时间，从蒜头采收后到年底，甚至再长一些时间都有新鲜蒜头出口。

1. 影响蒜头贮藏保鲜的因素

（1）品种。不同大蒜品种间，耐贮性有差异。原苍山县科委（1992—1996年）进行国内40个大蒜品种的耐贮性试验。苍山大蒜在这40个品种中属于较强的耐贮性，但3个品种之间也有差异。最耐贮的为苍山高脚子，其次为苍山蒲棵，第三是苍山糙蒜。

（2）收获时期。蒜头收获期不但影响蒜头产量和质量，而且关系到贮藏期的长短和蒜种质量的好坏。一方面收获太早，蒜头和蒜瓣外面的保护叶含水量高，蒜瓣中的水分也容易散失，所以在贮藏期间水分损失多，蒜头重量减轻也多，而且蒜瓣容易萎缩，导致贮藏期缩短。另一方面，收获太早时，蒜瓣中的发芽叶发育不充分，播种后出苗率低。苍山大蒜的最佳收获时间为提薹后18天以上，但是也不能太晚，否则易散瓣，颜色不鲜艳，影响产品的外观。

（3）收获时的天气状况。蒜头必须选晴天收获，而且在收获前后最好各有3天的晴天，则挖蒜时蒜头外皮完整，而且晾晒时可迅速干燥，以提高贮藏质量。同样的晴天收获，如果收获前是雨天，与收获前是晴天相比，贮藏期间霉烂变质的蒜头增多，重量损失较大。

（4）收获后的处理。蒜头收获后最好随即将根剪掉，然后干燥，则茎盘上的残根干燥后呈米黄色，较紧实，而且茎盘部分可充分干燥，贮藏期间不易散瓣。如果蒜头收获后不剪根，晾晒几天后，在抖落根上泥土的同时，易将根从基部拉断，而且茎盘部分未充分干燥，贮藏期间易发霉，引起散瓣。

蒜头收获后，切断假茎后干燥或连带假茎一同干燥对贮藏期间蒜头重量的变化也有影响。带假茎干燥的蒜头比切去假茎干燥的蒜头重量和直径都比较大，这是因为带假茎干燥时，假茎中贮藏的养分可继续运送到蒜头中，具有后熟效果。

蒜头收获后在田间干燥期间如遇雨，则外皮颜色发乌、长霉，如果移至通风不良的室内阴干，还会引起蒜头腐烂。所以，大规模生产时应有通风干燥设备，在50℃温度下干燥12h，可提高蒜头贮藏质量。

（5）温度。兰陵县地区，在室温贮藏条件下，一般当进入8月后休眠期结束，蒜瓣中的发芽叶和茎盘上的根开始生长。以后随室内温度的下降，生长加快。因此，要想延长贮藏期，必须抑制发芽叶和控制根生长的条件。

贮藏温度与发芽叶的伸长有密切关系。在10～15℃温度下，发芽叶伸长最快；20～25℃次之；0～5℃再减慢；0～3℃或35℃时，在4个月内，发芽叶不伸长。

贮藏温度与蒜头重量减轻的程度也有关系。贮藏到130天左右时，在0～3℃条件下的蒜头重要减少1%；在0～5℃的减少2%；在10～15℃的减少10%；在20～25℃的减少13%；在35℃的减少19%。

（6）湿度。蒜头贮藏场所的空气相对湿度以70%～75%为宜。湿度过高，蒜头易发霉；湿度过低，蒜头易失水。

2.蒜头贮藏方法

根据对蒜头贮藏保鲜期长短的不同要求，可以选用常温贮藏、冷藏及气调冷藏等方式。

（1）常温贮藏。是在自然温度状态下的贮藏方式，其优点是简便易行，成本低，是兰陵县蒜农常用的贮藏方式。但贮藏期较短，而且易发生虫蛀和霉变。

兰陵县地区多在室外或棚下贮藏。室外大多为搭台式的，也就是在地上搭一个高30cm的台墩，然后放上木棍，以利于通风透光。棚下大多为木架式的，也就是搭高0.5～1.5m的架子。一般选择地势高，通风干燥的地方搭建。将经过

修整和充分晾晒的蒜捆成从中央分开，蒜头向下架在木架上，或码成垛，蒜头在外。如果是辫蒜，则将每4辫绑在一起，蒜头朝外，蒜辫背朝内，搭在木架上。木架与木架之间的距离以挂外蒜后仍的空隙，通风良好，管理方便为原则。

挂藏不可过密，不能离地面太近，否则遇连阴雨天气容易返潮发霉，鳞茎盘霉烂后易散瓣，不耐贮藏运输。贮藏期间要经常检查，特别是阴雨天，空气湿度过高时，更要注意蒜头是否有霉烂变质现象。最好等天晴后再移至日光下晒一下。一般当鲜蒜头的重量约减少30%，已充分干燥时，可供出口。

（2）冷藏。冷藏是指利用人工降低贮藏环境的温度或利用自然低温条件，抑制蒜头的呼吸作用，减少养分和水分损失，防止病虫繁殖蔓延，以延长贮藏保鲜期。

有冷藏库的地方，蒜头收获后，当外界日平均温度较高时（25～28℃），可在室内或防雨棚下贮藏一段时间，待蒜头生理休眠期结束，外温开始下降时，移进冷藏库贮藏。冷库内温度控制在（0±1）℃，空气相对湿度70%～75%。在此环境中，一般可贮藏5个月左右。这样，可以使蒜头的供应期延长到年度。

（3）气调冷藏。目前国内其他地方也同兰陵县一样采用的主要是限气冷藏。也和蒜薹限气冷藏一样，有小袋冷藏和大帐封垛冷藏两种类型。具体贮藏方法可参考蒜薹气调冷藏部分。适宜的气体成分组成为：氧气3%～4%，二氧化碳5%～6%。

在上述环境中，蒜头的贮藏保鲜期达7～8个月，可以在春节供应市场。需要注意的是，蒜头贮藏的适宜温度和气体成分组成虽然与蒜薹相近，但是适宜的温度较蒜薹低，在采用小袋冷藏或大帐封垛冷藏时，应注意防止因湿度太高引起蒜头霉烂。

3. 蒜头贮藏的理化处理

蒜头在采收前后进行某些物理或化学处理，可以调节在贮藏、运输和销售过程中的生理活动，抑制病、虫繁殖蔓延，达到比较长时期保鲜的目的。目前行之有效的处理有：辐射处理和生长抑制剂处理。

（1）辐射处理。蒜头贮藏中使用的辐射源主要是钴60（^{60}Co）放射出的伽马（γ）射线。用低剂量的^{60}Co γ射线辐射处理蒜头，在国内许多省、市的科研单位和经营部门都获得了显著的贮藏保鲜效果。我国政府于1984年正式批准该项技术的应用和推广。

　　大蒜辐射处理技术的关键是辐照剂量和辐照时间。辐照剂量过小，达不到抑制发芽的目的；剂量过大则会引起辐射伤害，使组织褐变或产生异味。据试验，苍山大蒜系列的品种，辐照剂量在40～150戈（Gy）范围内都可达到很好的保鲜效果。具体的辐照剂量可根据计划贮藏期的长短决定。贮藏期较短，用低剂量；贮藏期较长，用高剂量。不同大蒜品种的适宜辐照剂量应根据试验结果决定。

　　辐照处理的效果还同蒜头的生理状态有关，为了抑制发芽，在大蒜生理休眠期结束以前照射，比在生理休眠期临近结束或已经结束以后照射的效果好。

　　在辐照适期内，经过辐照处理的蒜头，在常温下可贮藏至翌年3—4月不发芽。每吨蒜头的纯利一般在1 000元以上。

　　（2）生长抑制剂处理。用100mg/kg的吲哚乙酸浸泡蒜头2min后晾干储藏。

第九章　苍山大蒜加工

　　蒜薹和蒜头虽然可以采用各种贮藏方法以延长保鲜期，但仍然不能满足广大群众不同消费习惯的需要。有些人喜欢吃生蒜，有些人则讨厌大蒜强烈的辛辣味及生食后产生的口臭。因此，大蒜资源的开发和利用必须与产品的深加工相结合。目前国内外市场对大蒜加工产品的需要量仍在上升，以大蒜为原料的系列深加工产品有广阔的发展前景。

　　苍山大蒜的加工产品多种多样，主要包括食品、医疗保健品及畜禽饲料添加剂等，深受广大用户的欢迎。下面重点介绍市场需求量较大的产品。

一、糖醋蒜

工艺流程：选蒜→修整→浸水→再修整→腌渍→晾晒→糖醋浸渍。

1. 选蒜

糖醋蒜多选用蒜瓣数少、瓣形整齐的白皮蒜品种，于抽薹后半个月左右采收蒜头。采收过早，蒜头未充分成熟，腌制时容易失去水干缩；采收过晚，蒜头易散瓣。蒜头采收后，选择皮色洁白、大小均匀、蒜瓣排列紧实的蒜头作为加工原料。

2. 修整

将选出的蒜头随即剪净根系，并留2cm长的假茎将茎叶剪去，防止蒜瓣松散。修整后的蒜头要及时加工，放置时间长、外皮干枯的蒜头，盐渍后肉质不脆，而且辣味重。

3. 浸水

修整后的大蒜用清水浸泡3～4天，每天换1次水，以除去蒜头中的异味和部

分辣味，并将蒜头外皮泡软，以便去皮。

4. 再修整

浸泡后的蒜头沥干水分后，剥去蒜头外面的数层蒜皮，保留内侧2~3层蒜皮，去净残留根系，剔除不符合要求的蒜头。

5. 腌渍

将经过再修整的蒜头称重，按每100kg原料加盐6~10kg，搅拌均匀后装入坛内。坛口用不透水材料扎紧，横放在地上，每天滚动2次，使盐卤充分渗透到蒜瓣中。5~6天后打开封口，倒掉盐卤水，以去除过浓的辛辣味。

6. 晾晒

蒜头经腌渍后，摊开晾晒数天，每天翻动1次，夜间收回室内或妥为覆盖，以防雨露。以晾晒到蒜头重量约减轻30%时为宜。

7. 糖醋浸渍

因糖醋容易挥发，浸渍容器最好用小口坛子。每100kg晾晒后的蒜头用食醋10~15kg、红（白）糖20~30kg、水60L。先将水煮沸，再倒入食醋煮沸，然后加糖，溶化后除去表面浮渣，温度降至60~70℃时备用。

先将蒜头装入坛中，装至一半时轻轻捣紧，然后灌满糖醋液，密封坛口，2个月以后便可食用。每100kg蒜头可制成咸蒜头90kg，或糖醋蒜头70kg。

二、脱水蒜片

脱水蒜片主要销往西欧、日本、美国和澳大利亚等国家和地区。

工艺流程：选料→预处理→漂洗→切片→再漂洗→甩水→烘干→过筛及分级→包装。

1. 选料

采用颜色洁白、蒜瓣大而整齐的白皮大蒜品种，从中选择丰满充实、蒜瓣完整、无虫伤、无霉烂的大蒜头。

2. 预处理

清除蒜头上附着的泥沙、杂物，剪去须根，掰开蒜瓣，剥除蒜皮，剔除有病斑、虫眼及干瘪变色的蒜瓣。

3. 漂洗

将去皮蒜瓣倒入清水中，洗去杂质，漂去蒜衣膜。尽快进行下一道工序，不可堆放时间过长，以免蒜瓣变色。

4. 切片

用切片机将蒜瓣纵切成1.5～2mm厚度的薄片。边切片边加水冲洗，洗去切片时蒜瓣流出的胶液。切片厚度要均匀，否则烘干时，片厚的色变黄，片薄的易破碎，降低产品质量。

5. 再漂洗

将切好的蒜片随即倒进竹筐中，放在流动的清水中充分漂洗，除去胶质及碎片，以利烘干，并使蒜片色泽洁白。如果漂洗不充分，蒜片上有黏液，则在烘干时蒜片变为黄褐色。

6. 甩水

将漂洗后的蒜片捞出，置于离心机内，甩干蒜片表面的水分。如采用直径为1.2m的离心机（7.5kW），每次装蒜片25kg，甩水1min即可。甩水时间过长时，蒜片内部的水分也被甩出，则蒜片容易发糠。

7. 烘干

将甩水后的蒜片均匀摊放在筛子上或不锈钢盘上，放进烘房中。烘房内的温度控制在58～60℃，经6～7h便可烘干。烘干时间过长，温度过高，蒜片颜色发黄，影响质量。出烘房时的蒜片含水量应达到5%～6%。

8. 过筛及分级

将烘干后的蒜片过筛，筛掉碎粒、碎片及残留的蒜衣。将入选的蒜片倒在分拣台上，除去杂质及黄褐色片、粒等，并进行分级。正品蒜片为乳白色，片大、完整、平展、厚薄均匀，无碎片，无异味，次品蒜片为黄褐色，片小，不完整，不平展，厚薄不均匀。这道工序要求操作速度快，以免蒜片吸湿返潮。经分级后的蒜片还要再检测1次含水量，如果含水量超过6%，需要再进烘房烘1次。

9. 包装

蒜片在室温下晾凉后便可包装。通常采用瓦楞纸箱包装，箱内套衬防潮铝箔袋和塑料袋，封口后入库。仓库要干燥、通风、无异味、无虫害，库内温度最好为10℃左右。一般每100kg鲜蒜头可加工成20kg脱水蒜片。

三、蒜粉

蒜粉加工可以与脱水蒜片加工相结合。烘干后的蒜片，精选出符合质量标准的蒜片后，可将剩下的碎片用粉碎机磨成蒜粉，然后再用80～100目筛网过筛，即得蒜粉。蒜粉呈乳白色或米黄色，有浓郁的蒜香，可作调料及制造医药保健品的原料。在大蒜产区建立大蒜片、蒜粉加工厂，可以将当地不符合出口标准的蒜头或脱水蒜片制成蒜粉，以减少蒜头积压浪费造成的损失。

直接用蒜头加工蒜粉时，其工艺流程为：选料→去皮→漂洗→打浆→脱水→烘干→粉碎→过筛→蒜粉。

1. 选料

充分成熟的蒜头经晾晒数日后，选择外皮完整、无虫蛀、无霉变、无晒伤的蒜头，剪去须根及假茎，将蒜头掰成瓣。

2. 去皮

掰瓣后，用手工剥去蒜衣，或用碱液脱皮。常用的碱液有氢氧化钠或氢氧化钾水溶液。具体做法是：蒜瓣用水洗净后沥干水分，投入温度为85～95℃的6%～8%氢氧化钠水溶液中，浸泡8～10min，捞出后反复用清水冲洗，则蒜皮自动脱落。

3. 漂洗

去皮后的蒜瓣用清水充分漂洗，去除残留的碱液。

4. 打浆

用打浆机带水浆或用石磨磨浆，然后用粗纱布过滤，留下的蒜渣经烘干后可作饲料添加剂。

5. 脱水

将大蒜滤汁放在离心机（转速1 200r/min）中脱水。

6. 烘干

将脱水后的湿蒜粉摊放在烘盘上，放进烘房中。烘房温度保持55～60℃，烘4～6h。

7. 粉碎

烘干的蒜粉用粉碎机粉碎，再用80～100目筛网过筛，即得蒜粉。过筛后剩下的粗颗粒还可以加工成蒜粒。

四、咸蒜米

咸蒜米又称白玉蒜，是将蒜瓣用盐腌渍成的产品，白色或乳白色，有光泽，组织脆嫩，有蒜香味，在国际市场上很畅销。

工艺流程：选料→预处理→漂洗→分级→烫漂→腌渍→包装。

1. 选料

选用蒜头大、蒜瓣肥、瓣数少、无夹瓣的白皮蒜品种，如兴平白皮、上海嘉定1号、苍山大蒜、太仓白蒜及新疆吉木萨尔白皮等。蒜头收获后充分晾晒，防止霉变。选择无病斑、无虫伤、蒜形整齐的蒜头，剪除须根及假茎后，及时运往加工地点。

2. 预处理

掰开蒜瓣后，剔除有病斑、虫眼的蒜瓣和夹瓣，用手工或用碱液脱去蒜瓣外皮。剥皮时注意不要损伤蒜肉，否则蒜瓣会变色变质。

3. 漂洗

将去皮后的蒜瓣用清水漂洗6～8h，中间换水2～3次，以减轻异味及黄色，并去除蒜瓣上的一层薄膜。

4. 分级

按蒜瓣大小分为3级：1级为每千克230～300粒；2级为每千克301～450粒；3级为451～600粒。

5. 烫漂

将分级后的蒜瓣分别投入开水中，烫漂时间：1级蒜瓣为3min左右，2级蒜瓣为2min左右，3级蒜瓣为1min左右。具体烫漂时间应根据对所选原料进行的实验结果确定，因为烫漂时间过长或过短都会影响蒜米的色泽和脆度。

在烫漂过程中要不断搅动，使蒜瓣受热均匀。烫漂时间一到，要快速淘出蒜瓣，倒入流动的冷水中，使充分冷却并漂洗掉蒜头外附着的膜质。

6. 腌渍

将漂洗后的蒜瓣甩干或晾干表面的水分，倒入缸中，用7波美度的盐水浸渍24h，然后加盐，将盐液浓度调整至11波美度腌渍48h。再加盐调至22～23波美度，腌渍15～25天，在此期间应注意检测盐水浓度，当盐水浓度降低时，应及时加盐保持其浓度，然后密封缸口。2～3个月后即成咸蒜米。每100kg净蒜瓣加盐量约为28kg。

7. 包装

将腌渍好的咸蒜米，1、2、3级分别按定量装入洁净的塑料桶（或袋）中，同时剔除破损、杂色的蒜米，桶（或袋）中加入煮沸晾凉的24波美度的盐水，最后加盖封口。每100kg净蒜瓣可腌渍成100kg咸蒜米。

五、蒜蓉（酱、泥）

蒜蓉是用洗净、去皮后的新鲜蒜瓣加食盐水磨碎制成的产品，具有风味纯正、易保藏、食用方便的优点。采用食盐溶液灭酶的方法可生产出无臭大蒜蓉。

工艺流程：蒜瓣剥皮→清洗→灭酶处理→打浆→调味→磨细→装瓶。

1. 蒜瓣剥皮、清洗

剥蒜瓣皮时尽量不损伤蒜瓣。如果是干蒜头，则先用2%盐水浸泡1h，使外皮变软后再剥皮。剥皮后用清水冲洗。

2. 灭酶处理

大蒜中的蒜氨酸本来是没有臭味的，当切碎或捣烂时，蒜的细胞被破坏，细胞中的蒜酶会活化，将蒜氨酸分解，产生大蒜素。大蒜素很不稳定，易被分解产生多种烯丙基硫化物，有强烈的蒜臭味，如不设法去除臭味，会影响产品的销路。大蒜的脱臭方法包括化学脱臭和物理脱臭两大类，大多需要购置化学药品和仪器设备，而且手续比较多。用食盐水灭酶不失为目前简便易行的大蒜脱臭方法。即将10%食盐水加热至85～90℃，倒入去皮后的蒜瓣，烫漂1min，则蒜瓣破碎后无蒜臭味。

3. 打浆

将蒜瓣倒进粉碎机中，加入适量10%食盐水和0.08%柠檬酸溶液，粉碎成蒜

泥，颗粒不要太细。

4. 调味

蒜泥中加调味料的量为：生姜2%～3%，花椒粉0.1%，茴香粉0.1%，味精0.2%，盐12%～14%，白糖1.2%，山梨酸钾0.05%，小磨香油0.5%。生姜去表皮，白糖和山梨酸钾事先用水溶化，再与生姜放在一起打成姜糖糊。

5. 磨细

按比例将蒜泥与调味料混合后，放进胶体磨中磨碎。

6. 装瓶

将四旋玻璃瓶及瓶盖用清水洗净后，经100℃蒸气消毒10min，立即装入蒜蓉，拧紧瓶盖。如能采取真空封盖机封盖，保鲜效果更好。

制成的蒜蓉为乳白色，呈半流体状态，具蒜的香辣味，无异臭味。保质期1年左右。

六、大蒜辣椒酱

大蒜辣椒酱是利用大蒜和辣椒自身含有的杀菌成分，抑制微生物的活动，延长产品的保质期。由于不加防腐剂，不经高温灭菌，原料中的各种营养成分能够较好地保存下来，所以是一种纯天然的调味食品。

工艺流程：选料→预处理→清洗→晾干→磨碎→调味→包装。

1. 选料

大蒜选蒜瓣肥大、未发芽、无霉变、无病斑、无虫伤、肉质脆嫩、色泽洁白的蒜头。

辣椒选色泽鲜红、个大、整齐、无霉烂、无病斑、无虫伤的尖辣椒品种。

2. 预处理

大蒜掰瓣，去皮。辣椒去蒂把。

3. 清洗

蒜瓣和辣椒分别用清水洗净，除去杂质和蒜瓣外的膜，晾干表面水分。

4.磨碎

将蒜瓣和辣椒分别放入果蔬破碎机中磨碎。

5.调味

大蒜辣椒酱的配方中除蒜和辣椒外，还有豆豉、食盐、酱油、白酒、味精等调料。用量一般为：蒜75kg，辣椒100kg，豆豉15~20kg，食盐15kg，白酒12kg，酱油12kg，味精0.2kg。豆豉和酱油要选气味纯正的上等品，白酒要选60°以上的高度白酒。将磨碎的大蒜和辣椒与豆豉混合均匀后，加入白酒、食盐、酱油和味精调味，搅拌均匀。

6.包装

小包装多用四旋玻璃瓶。将玻璃瓶和瓶盖用清水洗净后，经100℃蒸气消毒10min，立即装入调好的酱，加盖，拧紧。1个月以后即可食用。

七、蒜薹脯

蒜薹脯是利用食糖的防腐保藏作用制成的蒜薹加工品。将蒜薹加工成蒜薹脯，不但为小食品市场增添一种新品种，而且对解决蒜薹上市期集中所造成的产品滞销、产值下降问题起到重要作用。

工艺流程：原料选择→清洗→切段→烫漂→硬化护色→除臭→糖煮→烘烤→检验包装。

1.原料选择

制作蒜薹脯的蒜薹，要求粗细均匀，质地脆嫩，色泽鲜绿，无病斑，无虫伤，无霉变。

2.清洗

将挑选出的蒜薹用清水冲洗，去除泥沙与杂质。

3.切段

用不锈钢刀将蒜薹切成3~4cm长的小段，切除蒜薹顶部的总苞和过细部分。

4.烫漂

将切好的蒜薹段投入沸水中约1min，使蒜薹中的酶失活，并排除蒜薹组织

中的氧气，防止蒜薹失绿、变质、变味。烫漂的温度和时间一定要掌握好，一旦过度会使蒜薹软烂、失绿；而烫漂程度不够，又起不到应用的作用。烫漂好的蒜薹要迅速捞出，投入流动的冷水中冷却，防止微生物的活动。

5. 硬化护色

事先配制成0.5%的氯化钙溶液，同时加入护色剂。将冷却后的蒜薹放入配好的溶液中，浸泡14h，捞出后用清水冲清，沥干。氯化钙的作用是保持蒜薹的脆度，防止变软，葡萄糖酸锌的作用是保持蒜薹的鲜绿色。

6. 除蒜臭

按每10L水加500g茶叶的比例煮制茶叶水。先将水烧开，加进茶叶后煮5min，再浸泡10min后过滤。将经过硬化护色处理的蒜薹放入茶水中浸泡4～5h，捞出后用清水冲洗，沥干，可有效防止蒜薹脯在贮存中产生臭味。

7. 糖煮

糖煮的方法一般有两种：一种是在常压下一次煮成或多次煮成；另一种是减压下煮成，即真空糖煮。最好采用真空糖煮法，因为真空煮制时沸点低，糖煮时的温度降低，糖液在减压条件下强烈沸腾，蒜薹中的空气也少，糖分渗透快，糖液浓缩快，所以制品的色、香、味和形状都比在常压下糖煮的好。

具体做法是：先配成浓度为40%～45%的糖液，将糖液装入槽车中，同时加进处理好的蒜薹，推入真空室，然后关闭真空室，抽真空至86.66～93.33kPa（650～700mm汞柱），加热至沸腾。在加热沸腾过程中要将水蒸气不断抽出，以保持真空度，直至糖液浓度达到60%时结束。

糖煮后再加入护色剂，浸泡8～12h后捞出，沥干。

8. 烘烤

将沥干的制品均匀摊放在烘盘上，在50～60℃温度下烘烤20～25h，使蒜薹脯中的含水量达到20%左右为止。

9. 检验包装

将烘烤好的产品进行分级检验，剔除破碎片段及杂物，然后装袋（筒），用真空抽气机密封。

制成的蒜薹脯应为均匀的鲜绿色，半透明，柔软有弹性，香甜可口，无异味。

74

八、辣蒜薹

辣蒜薹的配料为：蒜薹5kg，食盐0.75kg，辣椒面0.5~1kg，酱油2kg，五香粉0.15kg。

工艺流程：清洗切段→烫漂→晒干→初腌→复腌→成品。

1. 清洗切段

切除蒜薹总苞后用清水冲洗干净，然后切成2~3cm长的小段。

2. 烫漂

将蒜薹段投入到85~90℃热水中烫15s，热水中加0.5%的食盐，以防蒜薹变色。捞出后摊在阳光下，晾晒至蒜薹略显萎蔫。

3. 初腌

将晾晒后的蒜薹段装入缸中，摆一层蒜薹撒一层盐。约半个月后将蒜薹取出，摊开晾晒至半干。

4. 复腌

将初腌后晒干的蒜薹与辣椒面、五香粉和酱油混合均匀，装入干净的缸中，压实。复腌后约半个月便可食用。

制成品色绿，质脆，味香辣，为佐餐佳品。

九、保鲜蒜米

保鲜蒜米以苍山大蒜为主，要求蒜头完整、无霉烂、无机械损伤、无生根、绿头、发芽，有光泽、无干瘪。然后逐瓣掰开，去掉底部基托。并根据不同时期，选择不同的浸泡时间进行浸泡。然后去皮，去皮时用力要轻，不能造成蒜米损伤，否则将影响质量和产量。蒜米去皮后，用消毒清水将蒜米表面的薄膜冲掉，再放入杀菌液中杀灭部分杂菌，之后用鼓风机将蒜米表面的水分吹干。然后再用紫外线杀菌器将蒜米表面的残留杂菌杀灭。根据不同时期的蒜米，选用适宜的复合保鲜剂进行镀膜保鲜处理。处理后预冷，然后包装。最后将包装好的蒜米，及时放入冷藏库内，在一定温度条件下贮藏待售。用此方法生产的保鲜蒜米基本上保持原有的色、香、味和营养成分，进一步延长蒜米的保鲜期至2~4个月，产品符合国际市场标准。

十、大蒜油

粗油加工：将清洗过的蒜头去皮剥瓣后用粉碎机粉碎，将粉碎料投入铝制蒸锅内加热，至锅内压力达1.5～2kg时，将料烧沸翻滚后立即降压到0.5kg，保持2～3h，整锅蒜油基本蒸馏出来。在蒸馏过程中，锅内压力要保持稳定，以免引起冲料而造成不应有的损失。

精油加工：粗制过程，难免把水带入油内，因此，精油加工首先要进行油水分离（用分液漏斗分离）。在投料（粗油）前，升温加热至140℃，真空泵减压蒸馏，即可得到大蒜精油。大蒜油为黄色到褐色透明液体，具有大蒜特有的浓郁香味，有较强的抗菌，杀菌作用，在香料、调味及医药上均有较高的应用价值。

第十章　苍山大蒜的研究成果

一、苍山大蒜研究概述

为了继承和发挥苍山大蒜高产优质的优势，加速苍山大蒜生产的发展，适应对外贸易出口和国民经济建设的需要，解决生产科研等方面急待解决的实际问题。山东省、地科委、省农业厅于1979年将"苍山大蒜的研究"列为省、地科研项目之一。研究的任务：一是苍山大蒜高产栽培的试验研究。二是苍山大蒜生育规律的研究。三是苍山大蒜品种特征、特性的观察与鉴定。四是塑料薄膜地面覆盖大蒜应用的试验研究。科研任务由原苍山县农科所承担。在各级政府，省、地、县科技、农业等有关部门的领导、帮助、支持下，在有关同志的亲临指导下，经过3年多的实验研究，搜集到大量数据，获取许多可靠的第一手资料，于1982年6月完成原课题任务。

（1）通过对苍山大蒜各生育阶段的生长规律进行系统观察，积累了资料，提出了主要生育阶段的划分，填补了苍山大蒜研究的一项空白，为生产应用提供了科学依据。

（2）经过单因子、复合因子的试验和大面积示范，总结出培养地力、精选种子、增加密度和合理施肥、浇水等主要措施。实现了每亩产鲜蒜头1 416～1 887kg的高产纪录，面上示范由过去每亩产700～800kg，提高到900～1 000kg的新水平。平均每亩增产鲜蒜头250kg左右。为合理利用当地资源，发展苍山大蒜生产提供了技术措施。

（3）引进地膜覆盖栽培技术，应用于大蒜生产，在早熟、高产方面表现明显的效果，总结出使用经验，为高产栽培提供了一项新技术。

（4）观察鉴定了苍山大蒜"蒲棵""糙蒜""高脚子"3个品种的特征特性，肯定了各自的应用价值。

　　总之"苍山大蒜的研究"填补了国内大蒜研究的一项空白，总体研究水平居国内领先水平。于1982年11月23日通过了临沂地区科委组织的技术鉴定，获山东省科委优秀科学技术成果三等奖，山东省农业厅科学技术成果三等奖。

二、大蒜分生组织培养脱病毒技术研究

　　该项研究的主要承担单位为北京市农林科学院蔬菜研究中心、植保环保所、北京市理化分析测试中心，原苍山县科委。起止时间为1984—1990年，研究内容分两个阶段。

　　第一阶段于1987年结束，完成以下工作内容。

　　（1）分离、鉴定大蒜病毒毒源。在国内首次明确侵染我国大蒜的有大蒜花叶病毒（GMV）和大蒜潜隐病毒（GLV）二类线形病毒，其中大蒜花叶病毒即洋葱黄矮病毒（OYDV）。

　　（2）研究并建立大蒜茎尖分生组织培养技术规范。规范中在3个方面有所创新：采用未成熟蒜薹上的花原分生组织（生殖茎尖）而不是国内外通用的营养茎尖，植株再生率和脱毒株分别提高110%和24%；采用离体低温培养技术，将第二培养阶段再生株以5～10℃低温光照处理，使试管苗个体发育大为加速；筛选并确立了适用于大蒜茎尖培养的系列培养基，探明培养基中铵离子的大量存在对大蒜离体培养有害。

　　（3）建立以酶联检测为主的大蒜病毒检测技术规范。在上述工作基础上制订"大蒜茎尖脱毒技术模式程序"，并应用这一程序获得了若干脱毒株。

　　第二阶段是在第一阶段的基础上，围绕脱毒大蒜原种生产的基础技术展开研究，取得以下主要成果。

　　（1）在国内外首次提出一项具有实用价值的"大蒜二阶段培养离体繁殖法"，年繁殖率至少可达1.5万倍。这一方法利用侧芽和不定芽繁殖，周期短，移栽成活率高（90%以上），植物遗传性稳定。为目前唯一能在脱毒大蒜繁殖体系中应用的离体快繁方法。

　　（2）在国内首次明确：在大蒜复合病毒中只有GWV引起花叶症状，造成种性退化、产量品质下降。在脱毒种蒜生产中，只需对GMV一种病毒进行检测即可。筛选获得一种纯化和繁殖GMV的专一性强的寄主植物洋葱品系，并用其提纯的GMV制得高效价GMV抗血清，用于对GMV检测。

（3）研究成功一种简便、快速、准确的GMV免疫电镜检测技术，检测一份材料仅用20min。

（4）在国内首次用试验证实，不是每个脱毒大蒜单株后代均能用于生产。单株后代间在生长发育的产量性能方面存在较大差异。因此，对脱毒大蒜后代进行系谱选择，效果十分显著。早代的选择可在防虫网室中进行。由于防虫网室与田间的小气候很不一样，最终的选择，应根据株系在田间试验小区的表现。这一试验结果表明，在将大蒜脱毒技术转入生产应用的过程中，采用系谱选择法对脱毒大蒜后代无性系选优汰劣，是一项十分关键的技术措施。

（5）脱毒大蒜的花叶病毒再感染研究表明，兰陵县的传毒媒介蚜虫发生远较北京轻，因而，脱毒大蒜在田间受病毒再次侵染程度远比北京轻。采用脂类叶面保护剂喷布，蚜虫高峰期覆盖纱网等技术措施，有可能将花叶病毒病株再感染率降到1%以内。这一研究成果为脱毒大蒜原种繁殖基地的选址，种蒜生产过程中防止GMV再次侵染，提供了可靠的实验依据和方法。

（6）脱毒大蒜的田间种植试验证实，脱毒蒜株根系发达、植株高大、叶面积指数高，干物质积累多，最终表现蒜薹粗、蒜头大、产量高。脱毒蒜种在田间的一二代，增产幅度均在30%以上，第三代仍增产20%左右。而且质量有较为明显的提高。如果脱毒蒜得以普及，将会大大促进大蒜的出口。

1990年11月5日，由北京市科委组织，邀请中国农业科学院、中国科学院等单位的13位专家（其中有3位学部委员）对该项目进行了技术鉴定。鉴定委员会给予高度评价。认为该项研究以多学科协作，实验室和生产基地相结合的方式，成功地完成了国内、外都认为难度大的大蒜脱毒生物工程。所获成果已居国内领先，达到国际先进水平。该项研究获北京市科技进步二等奖。

三、脱毒苍山大蒜中试技术研究

为使脱毒大蒜在原苍山县（现兰陵县）尽快推广应用，原苍山县科委同北京市农林科学院蔬菜中心、植保所等单位合作从1990年起承担了山东省科委下达的"脱毒苍山大蒜中试技术研究"课题。经过3年的努力，取得了以下成果。

（1）明确了大蒜茎尖脱毒后，获得的脱毒蒜，需经防虫网室隔离种植；采用系谱法，对脱毒蒜后代材料，单株、株系选择繁育鉴定，对优良无性系采用气生鳞茎加速繁殖。网室系谱选优、严格病毒检测，优系快繁技术的确立，是优良

脱毒蒜选择繁育技术的突破。尤其对10个大蒜品种后代材料500多个株行、系进行鉴定，已出网室的107个无性系，鉴定出最优良的8个新品系，表现特别突出。

（2）摸清了脱毒蒜再受病毒感染的规律，以及综合防护延缓病毒再侵染的措施，进而延长脱毒蒜的利用年限。

（3）研究制定的脱毒蒜原种（原原种、原种、良种）生产繁育体系，在蒜区试行的结果是先进的、可行的。

（4）研究表明了脱毒蒜原种、原种后代增产效果，利用价值，应用年限，及脱毒蒜增产的生物学基础，所表现的生育特点，如植物学特征、生物学特性，提高叶绿素含量、干物质的积累等。

（5）基本摸清了脱毒蒜蒜头每亩产800~1 000kg的产量结构，经济性状，生育特点，相应的栽培技术。

（6）取得了明显的经济效益，据原种到原种四代试验，蒜头平均为每亩产809.12kg，平均每亩增产27.3%（原种增产34.47%）；蒜薹平均每亩产596.57kg，增产18.94%（原种增产28.46%）；平均每亩增384.62元。3年累计面积100亩，创总产值达22.14万元，总纯收18.81万元。

经中试所确立的脱毒蒜"网室系谱选优，严格病毒检测；田间原种选繁、综合防护感染；根据生育特点，科学种植管理"的技术路线，制定的"脱毒蒜原种（原原种、原种、良种）生育繁育体系"；提出的"脱毒苍山大蒜栽培技术规范"是科学的、可行的，在技术上有创新。在大蒜脱毒网室系谱选优，脱毒蒜田间病毒再侵染规律及脱毒蒜开放繁殖利用代数等研究上，填补了国内研究的空白。从而使大蒜脱毒技术研究、利用总体水平，在国内居领先地位。使大蒜脱毒技术应用于生产成为可能，有推广应用价值和良好的发展前景。该项目获山东省科技进步三等奖。

四、脱毒大蒜高产栽培技术研究

大蒜脱毒技术开发应用，是当代植物技术领域内的一项重要课题，许多国家都在积极开展这项研究，应用植物茎尖分生组织培养方法获得脱毒蒜，技术难点已经突破，对脱毒蒜大面积应用及高产栽培，国内尚未见报道。原苍山县科委承担了"脱毒大蒜高产栽培技术研究"课题。课题组在小试、中试研究的基础上进行了脱毒大蒜高产栽培技术研究，探讨与脱毒蒜相适应的最佳技术措施，以最大限度地发挥脱毒大蒜的高产优势，以利推动脱毒大蒜的生产发展。

（1）经过3年田间试验，每亩产蒜头1 000kg，蒜薹750kg的脱毒大蒜群体生育动态和生育特点已基本摸清；产品品级质量，商品率都有提高，经济效益显著。

（2）高产脱毒大蒜表现出固有的生育特点。生育期出现较早，表现根系发达，植株高大，叶面积系数高，干物质积累多。

（3）探讨出脱毒大蒜高产栽培条件及关键措施，制定出经济有效的高产栽培技术规范，经大面积示范、推广应用，证明这些措施是科学的、有效的、可行的。

（4）取得了明显的经济效益。本着边试验研究，边示范推广方法，连续3年试验示范与推广面积达4 100亩，高产栽培比对照每亩增产蒜薹289.53kg，增产57.71%，蒜头增产417.85kg，增产65.74%，亩增值964.67元。根据中国农业科学院提出的计算方法计算，该成果已获得经济效益203.95万元，还可能产生的经济效益4 203.23万元，经济效益和社会效益十分显著，具有广阔的开发应用前景，获临沂市科技进步三等奖。

五、蒜薹贮存期病害发生规律及防治技术研究

该课题是原山东省科委1989年下达的科研攻关计划项目，由原苍山县科技试验冷藏加工厂承担，山东省农业大学植保系协作。通过3年的试验研究，以大量的试验数据和充分的理论依据，证明了引起蒜薹贮藏期霉烂变质的病原菌，包括8个属，12个种。其中8种在国内属首次报道。在致病菌中以葱鳞葡萄孢为优势种。病源主要来自田间，其次是库房带菌。贮藏期病害发生程度与蒜薹采收质量的贮存环境有密切关系。蒜薹采收质量差，贮藏期温度、湿度和气体成分不合理，导致蒜薹生理活动失调，失去抗病能力，造成灰霉病蔓延，所以搞好蒜薹贮存的关键在于：既要使蒜薹的生命活动减弱，以减少水分及养分的消耗；又要维持生命低速协调运转，以保持其对病原微生物的抵抗能力。在保证蒜薹成熟适宜和采收质量的前提下，保持（0±0.5）℃的恒温，氧气2%～3%，二氧化碳12%～13%，相对湿度80%～90%，避免浊度波动过大引起袋内结露，这样的贮存环境对于降低蒜薹呼吸程度和控制病菌生长是有利的；田间喷腐霉利、多菌灵等药剂，防治叶部病害，并使蒜薹带药入库，入库预冷期，用噻菌灵、异菌脲、

腐霉利、植物激素浸蘸薹尾，可达防病保鲜效果。

目前该项技术已在兰陵县冷库普遍推广，经济效益显著。该项目获山东省科委科技进步三等奖。

六、大蒜病害发生规律及防治技术研究

1989—1991年原苍山县科委与山东农业大学合作，对大蒜病害发生的原因进行了初步调查研究，认为是由于大蒜灰霉病，叶枯病菌所引起的，但关于这些病害的发生规律及防治技术国内外尚无系统的研究报道。为此，原苍山县科委与山东农业大学植保系共同承担了山东省科委1992年下达的"大蒜病害发生规律及防治技术研究"课题，经过3年努力，取得了以下成果。

（1）研究搞清了原苍山县（现兰陵县）及山东大蒜主要产区的病害种类共11种，其中真菌性病害9种，细菌病和病毒病各1种。其主要病害为大蒜灰霉病、叶枯病和病毒病。

（2）研究了大蒜灰霉病，叶枯病的主要生物学特性。

（3）进行了大蒜病害（灰霉病、叶枯病）发生规律的研究，通过试验，田间定点调查，搞清了大蒜灰霉病、叶枯病的侵染来源，传播途径，病害症状，消长规律。明确了病害的发生与土壤质地、气候、品种、播期、茬口、肥力条件等因素的关系，为综合配套防病奠定了基础。

（4）经室内、田间试验，先后从42种药剂中筛选出腐霉利、异菌脲、多菌灵系列高效、低毒农药。并明确了最佳施药浓度和时期。

（5）在单项防治措施试验基础上，经过优化组合，制订了综合防治技术规范，经大面积推广应用证明是科学的、可能性行的。

（6）取得了显著的经济效益，3年田间试验、示范、推广18.5万亩，平均防护效达93.93%，亩增蒜薹74.4kg，增产14.89%；亩增蒜头152.8kg，增产24.04%，平均亩产值1 322.36元，平均亩增值211.88元，总增值达3 919.78万元。按中国农业科学院经济研究所制定的计算方法计算，已获得了经济效益2 210.216万元，还可能产生的经济效益11 573.416万元，年经济效益2 756.72万元，科研投资年均收益率为56.82%。

该项目立题正确，试验设计合理，数据可靠，资料完整，总体研究填补了国内空白，居国内领先水平。获山东省科委科技进步三等奖。

七、蒜蛆发生规律及防治技术研究

蒜蛆即葱蝇的幼虫,山东普遍分布,是秋播大蒜毁灭性的害虫。临沂地区科委1986年下达了"蒜蛆发生规律及防治技术研究"课题,由原苍山县科委组织课题组,1986—1988年,进行了人工饲养,系统观察,在田内设置大网室,用蜂蜜水饲养成虫,能使雌雄虫正常交配、产卵,卵能正常孵化幼虫。同时进行大田调查和不同生态条件下的小区对比试验,并进行了药剂防治试验和大田综合防治示范试验。经过3年的研究,基本弄清了蒜蛆的发生规律,找出了经济有效的综合防治措施。

在兰陵县蒜蛆每年发生二代。以一代蛹在15~20cm深的土层中越夏,以二代蛹在大蒜植株附近4~9cm深的土层中越冬。成虫羽化鼓额顶土钻出地面,成虫取食花蜜,卵产在大蒜茎基部或刚出土的芽鞘附近的土缝中,或者产在鞘叶缝内。蒜蛆是寡食性害虫,大蒜是主体寄主,其次是洋葱和大葱。

蒜蛆成虫发生适宜的自然温度为日平均气温12~22℃。蛹越冬越夏和羽化要求一定的土壤湿度。而成虫产卵则喜欢选择干燥的地块,干燥的土壤环境对幼虫的生活危害有利。"蛆拱弱苗",霉污的种子烂母早,其气味招引成虫前来产卵;种小苗子弱,根系差,不耐虫害,使这样的种子均受害较重。掌握防治有利时机,采用农业技术、化学农药等综合措施,完全可以控制蒜蛆危害。

实行大蒜与粮、棉、菜套种轮作,冬季深翻晒垡。选用健壮、大瓣种子,栽后立即浇水,可减轻危害。

秋季大蒜栽种时,用敌百虫、辛硫磷等农药喷拌压细过筛的栏圈粪或干细土选溜入沟内,再栽蒜覆土防治幼虫,随后地面喷敌百虫粉消灭成虫,可以控制苗期危害。

春季大蒜抽薹期,用敌敌畏喷拌麦糠,撒在蒜地熏蒸,或喷敌百虫粉等消灭成虫,在卵孵化盛期用敌百虫兑水顺垄溜浇,可以控制一代幼虫危害。另外,田蜘蛛大量捕食刚羽化出土的成虫,要注重保护。

该项目研究的总体水平居国内领先水平,获山东省科委科技进步三等奖。

八、大蒜综合利用技术研究

山东省科委1984年下达苍山大蒜综合利用技术的研究课题,由原苍山大蒜食品厂和山东省食品发酵工业研究所共同承担。1985年12月完成课题研究任务,

提前一年达到合同任务要求。1985年12月26日，由原山东省科委组织，通过了技术鉴定。在苍山大蒜综合利用技术的研究过程中，研制出以苍山大蒜为原料加工制造的蒜水饮料、蒜盐、蒜酱、蒜油、蒜汁等调味品。1984年6月小试成功后，11月陆续开始中试，至鉴定会时全部完成。6种产品各有特色，独具风格，受到有关专家学者的肯定和好评，进入批量生产。

大蒜饮料本着除公害、变废为宝的原则，将蒜制品废水经脱水处理等一系列加工，严格按配方、配料加工调配，进行卫生消毒，制成的一种蒜香柔和，酸甜适口，清洁透明，营养丰富，对呼吸道、肠道传染病有一定疗效的浅黄色饮料，年生产能力百吨。大蒜油是以大蒜为原料，经蒸馏加工提取出来的精油，为金黄色透明体。蒜油具有大蒜特有的浓郁香辣气味，抗菌杀菌作用强，可强化人体的生理代谢机能，增强免疫力。在香料、调味、医药等方面有较高的使用价值。蒜油正受到国内外的高度重视，应用范围越来越广泛，年生产能力2t。大蒜粉和大蒜盐均以脱水蒜片为原料加工而成，大蒜盐色泽协调微黄，具有大蒜天然的香辣味，成细颗粒状。大蒜粉香郁辣浓，味道鲜美，为粉末状。盐粉配合用来佐餐，既增食欲，又益健康，是方便经济的调味品，年生产能力300t。大蒜酱是鲜蒜须脱臭处理，配以适当的调味液精制而的高档营养保健食品，年生产能力100t。大蒜汁是鲜蒜经快速脱臭、脱辣处理，以溶剂提汁精工调配而成，年生产能力20t。

苍山大蒜综合利用技术的研究及所开发的6种新产品，为大蒜的多层加工利用，多次增值开辟了良好途径，经济效益可成倍增长。该项目获山东省科委科学技术进步三等奖，同时获国家级星火奖。

九、大蒜渣预混剂的研究与应用

随着大蒜系列产品的开发，大蒜渣的处理及有效成分的再利用成为人们关注的重要课题。为减少大蒜渣的环境污染和深化大蒜的综合利用，原苍山县科委与山东省化学研究所共同承担了山东省科委下达的"大蒜渣预混剂的研究与应用"任务，经过两年的工作，确定适宜的工艺路线，筛选出了合理配方，完成了试验研究任务。取得了以下成果。

（1）该项研究以提取大蒜油后的大蒜渣为原料，经适当加工处理，再添加适当载体和辅料，所制成的大蒜渣预混剂对禽和鱼类具有增进食欲、促进生长、抑菌防病等功能，是一种无毒、无副作用的良好饲料添加剂。饲喂试验表明，它对于提高雏鸡成活率、蛋鸡产蛋率，促进鱼类生长发育和提高成活率都有明显效果。

（2）大蒜渣预混剂制备工艺合理，设备简单，投资省，原料便宜易得，具有较好的经济效益，社会效益和生态效益。这一制剂研制成功，既可减少大蒜渣的环境污染，又为大蒜渣的合理利用开辟了一条新路子。

（3）以大蒜渣为原料制取的饲料添加剂预混剂的研究成功，填补了国内空白。1989年11月14日通过省科委组织的技术鉴定。建议尽快组织中试，中试规模以200t为宜。

十、200t/年大蒜渣预混剂中试技术研究

大蒜渣是大蒜提取蒜油后的废渣，含有一定量的粗蛋白、粗纤维、氨基酸、大蒜素等营养抑菌物质。为了减少大蒜渣的环境污染，变废为宝综合利用，在"大蒜渣预混剂的研究与应用"小试成功的基础上，原苍山县大蒜食品厂与山东省化学研究所又承担了山东省科委下达的"200t/年大蒜渣预混剂中试技术研究"任务。

（1）该中试研究是以提取大蒜油的大蒜渣为原料，添加适当载体和辅料制成大蒜渣预混剂，生产工艺合理可行，较好地解决了液态蒜渣沉降分离问题。该中试产品的研制成功，即减少大蒜渣的环境污染，又为大蒜渣的合理利用开辟了一条新途径，具有较好的经济效益、社会效益和生态效益。

（2）饲喂试验表明，该中试产品能明显提高雏鸡成活率，蛋鸡产蛋率，促进鱼类生长发育和提高成活率，是一种良好的饲料添加剂。

（3）经急性毒性试验证明，大蒜渣和大蒜渣预混剂均为无毒物质。

该项目于1991年12月22日通过了省科委组织的技术鉴定，产品填补了国内空白，达到国内先进水平，获山东省科委科技进步三等奖。

十一、大蒜高级营养液

大蒜高级营养液的研制与开发，由原苍山县保健食品开发公司承担。本产品以苍山富硒大蒜为主要原料加多种药膳植物，经科学方法提炼而成，产品经脱臭、口感好，纯天然成分。产品含有丰富的氨基酸、维生素、硒及微量元素和大

蒜素等有益物质，具有营养与调节的双重作用，主要用于生活中强化抗菌能力，改善身体机能。

该产品工艺合理，采用三步提取三步脱臭工艺，较完全地提取出大蒜的营养物质，并获得口感优良的蒜液，强化了蒜液的营养价值。该项研究的配方及工艺属于国内首创，产品达到国内领先水平，在山东省第二届技术发明展览交易会上荣获一等奖。获临沂市科技进步二等奖。

大蒜高级营养液产品经试销后深受用户欢迎，具有很好的开发前景，将对带动苍山大蒜的进一步发展起到一定的推动作用，为大蒜产品的深加工闯出了一条新途径。

十二、蒜米复合保鲜剂及保鲜技术应用研究

本研究由原苍山黄埔冷藏总公司承担，原苍山县科委协作。根据苍山大蒜采后生理特点，研制了系列蒜米复合保鲜剂，并提出了科学、经济符合国际市场要求的蒜米采后保鲜技术体系，实现了周年供应国内国际市场。

（1）采用多种不同种类的树脂、乳化剂及生物活性物质的不同组合，成功选配了适合于蒜米生理特征的复合保鲜涂膜。该复合保鲜薄膜比传统的石蜡涂膜及抽空充氮包装，进一步延长大蒜米的保鲜期2～4个月，并有效地控制发芽、生根、糠心及发霉等问题，基本上保持原有的色、香、味和营养成分，产品符合国际市场标准。该复合保鲜剂主要成分包括符合卫生标准化的有机成分：山梨酸、乳酸、氨糖、羧甲基纤维素、对羟基苯甲酸丁酯、氯化镁等。应用保鲜剂的蒜米、经理化分析表明：明显的抑制了蒜米的呼吸强度、抑制衰老激素乙烯的产生和促衰作用，减少水分损失，达到微气调（NA）效果，防止有效营养成分的损失。试验证明，该复合保鲜剂可适用于其他蔬菜，如黄瓜、甜瓜等果蔬。

（2）本成果首次证明，大蒜头的采后不同时期加工成蒜米，由于生理休眠特性不同，其最佳复合保鲜剂配方不同，表现在应用成分种类和成分间的配比，采后初期（6—9月）的蒜米仍处于生理休眠状态，选用的保鲜剂成分侧重于灭菌功效，以配方A3为佳，贮藏期120天；采后中期（10—12月）的蒜米以B2配方保鲜效果最好，贮藏期90天；采后后期（翌年1—3月）的蒜米，以C4配方效果最佳，贮藏期90天。

（3）本研究提出了有科学依据、经济、可行、完整的涂膜保鲜配套的蒜米

保鲜工艺流程及各种工艺程序的企业标准。工艺流程为：原料挑选→分瓣→浸泡→去皮→漂洗杀菌吹干→杀菌→涂膜→包装→冷藏。整个流程具有工艺简单，适合规模数量的工业化生产，保鲜期长，保鲜效果好，保鲜剂安全无害等优点。

（4）该项研究取得了显著的经济效益和社会效益。至1994年7月底，累计生产出口保鲜蒜头3 420t，实现产值2 052万元，利税505万元，出口创汇250万美元。在我国首次实现了新鲜蒜米的周年出口，有效的利用大蒜原料，为大蒜产品的深加工增值，闯出了一条新路。

蒜米复合保鲜剂的研制及蒜米保鲜组合工艺技术研究，经专家评议，居国内同类研究领先水平，填补了我国蒜米保鲜技术的空白。获临沂市科技进步一等奖，获山东省科委科技进步二等奖，获得国家级新产品，获全国第八届发明展览会金牌。

第十一章　大蒜产品市场展望

中国是世界上大蒜的主要生产国和主要出口贸易国之一，大蒜及其产品远销东南亚、日本、中东、美洲、欧洲、越南和俄罗斯等国家和地区，为国家换取了大量的外汇。

在国外，由于大蒜具有特殊的营养价值和医疗保健作用而备受青睐。美国大蒜之乡吉尔罗伊在每年7月的最后一周举行大蒜节，展出100多种用大蒜制成的精美食品，供参加者品尝。以色列每年也举行一次大蒜节。英国还在互联网上开设了大蒜信息中心，提供有关大蒜的最新研究动态。

目前，国内外用大蒜为原料制成的调味品、保健食品、医疗制品、化妆品和工业品随着市场需求的不断增长日益丰富，促进了大蒜生产的发展。但同时也表现出，国内在大蒜研究应用方面还存在一些不足，如对大蒜临床研究落后于成分研究、药理研究，影响了大蒜医疗作用的发挥；在保健食品开发方面，仅有蒜粉、蒜片、蒜蓉、蒜油等加工品，远不能满足国内外市场的需求。随着研究的进一步深入，大蒜在食品工业、医药工业、化妆品工业、饲料工业以及农用杀菌剂、杀虫剂制造业等方面的应用前景将越来越广阔，不但可以帮助农民脱贫致富，同时在推动农村经济的快速发展方面具有重要意义。

附录1　绿色食品　大蒜生产技术操作规程

1　范围

本标准规定了A级绿色食品大蒜栽培的产地环境条件、品种选择、产量指标、栽培技术、病虫防治及农药肥料使用。

2　引用标准

下列标准所包含的条文，通过在本标准中引用而构成为本标准的条文。本标准出版时，所示版本均为有效。所有标准都会被修订，使用本标准的各方应探讨使用下列标准最新版本的可能性。

GB 8079—1987《蔬菜种子》

NY/T 391—2000《绿色食品 产地环境技术条件》

NY/T 393—2000《绿色食品 农药使用准则》

NY/T 394—2000《绿色食品 肥料使用准则》

3　产地环境

3.1　立地条件

选择空气清新，没有工业厂矿污染的地块。产地环境符合绿色食品产地环境质量标准（NY/T 391—2000）。

3.2　土壤条件

选择富含有机质、透气性好、保水、排水性能好的沙质壤土或壤土或沙姜黑土，要求地势较高、平坦，地下水位较低，pH值以6为宜。如兰陵县的沙姜黑土是大蒜栽培较理想的土壤。

4　品种

选用高产、优质、商品性好、抗病虫、抗逆性强的品种，种子质量符合国家标准，不得使用转基因品种。

4.1 选种

播种前要严格精选蒜种，选择头大、瓣大、瓣齐且有代表性的蒜头，清除霉烂、虫蛀、沤根的蒜种，随后掰瓣分级。苍山大蒜一般分为大、中、小三级，先播一级种子（百瓣重500g左右），再播二级种子（百瓣重400g左右），原则上不播三级种子。

4.2 用种量

苍山大蒜每亩需蒜种150kg左右。

4.3 提纯复壮

采用异地换种、脱毒、气生鳞茎繁殖等措施进行提纯复壮，可有效改良种性，增强抗性，增产效果显著。

5 整地施肥

5.1 施足基肥

大蒜需肥较多，施肥以有机质肥料为主、化肥为辅，基肥为主、追肥为辅。耕翻土地前每亩施腐熟有机肥4～5m³，整平耙细（土块直径应小于3cm）后做畦，把畦面整平后再施入速效化肥，施用量因地力而定，可通过测土进行配方施肥。肥力中等土壤可每亩施复合肥（15-15-15）70kg、生物有机肥40kg（集中施）、尿素15kg，同时补施硼、锌、硫等中、微量元素肥。

5.2 整地做畦

施肥后进行细耕、细耙，做畦。畦面耙平，以免影响地膜覆盖和蒜苗整齐度。畦宽1.8m，畦间沟宽20cm，深10cm。

5.3 土壤处理

用苦参碱防治蒜蛆等地下害虫，同时可施入敌磺钠、多菌灵、百菌清防治土传病害。

6 播种

6.1 播种时间

大蒜适宜的发芽温度是15～20℃。如播种过早，大蒜出苗缓慢，易造成烂瓣。兰陵县播期为9月20日至10月15日。

6.2　播种密度

苍山蒜每亩种植3万～3.5万株为宜，即行距20cm，株距8～10cm。金乡蒜每亩种植2万～2.5万株为宜，行距20cm，株距10～15cm。

6.3　播种方法

地膜覆盖栽培播种深度为2.5～3.0cm，然后盖土覆膜，覆膜时要将地膜拉平、拉紧，两边用土压实，让地膜紧贴地面，以利大蒜出苗。

6.4　科学覆膜

播种后立即浇水，要浇透，避免蒜种跳瓣，造成出苗不齐。同时在放叶前（播种5天以后）打一次除草剂，然后盖膜。覆膜时可用竹片或镰刀头背将地膜边缘压入土中，注意尽量拉平地膜，以贴紧地面，并用脚轻踩缝隙封口，防风刮揭膜。地膜与地表贴得越近越好，有利于出苗、保温保湿、增强植株的抗逆性。

7　田间管理

7.1　苗期管理

播种后7天，幼芽开始出土。在芽末放出叶片前，用扫帚等轻轻拍打地膜，蒜芽即可透出地膜。地面平整、播种质量高、地膜拉的紧的，通过拍打，70%～90%的蒜芽可透过地膜，少量幼芽不能顶出地膜，可用小铁钩及时破膜拎苗，否则将严重影响幼苗生长，也易引起地膜破裂。

7.2　冬前及越冬期管理

出苗后视土壤墒情和出苗整齐度可浇一次小水，以利苗全，打好越冬基础。壤土或轻黏壤土可于覆盖地膜前浇水，黏土地可覆盖地膜后浇水或不浇。根据墒情，可于11月上中旬浇越冬水，必须浇透，越冬水切勿在结冰时浇灌。越冬期间应特别注意保护地膜完好，防止被风吹起，若有发现应及时压好。

7.3　返青期管理

在兰陵县蒜区，翌年2月中旬，即"惊蛰"前，气温上升，蒜苗返青生长，在返青前后可喷一次植物抗寒剂，以防倒春寒对大蒜的伤害。春分后，大蒜处在"烂母期"，此期易发生蒜蛆，注意加强防治。

7.4 蒜薹生长期管理

若前期未追肥或缺肥，可结合浇水每亩追施磷酸二铵和硫酸钾各15kg。此后各生育阶段，分次浇水保持田间的湿润状态。3月下旬至4月初，开始喷药防治葱蝇和种蝇，每隔7~10天喷一次，连喷2次。从4月下旬开始喷药防治大蒜叶枯病、灰霉病等，每隔10天左右喷一次，提薹前喷药2次以上较好。地膜栽培大蒜应在"清明"以后，待温度稳定后，除去杂草，每亩追施磷酸二铵和硫酸钾各20kg，并喷施高效叶面肥，然后浇一次透水。注意蒜薹采收前一周要停止浇水，以利于采收。

7.5 蒜头膨大期

采薹后，叶片和叶鞘中的营养逐渐向鳞芽输送，鳞芽进入膨大盛期，为加速鳞茎膨大，可根据长势，在采薹后再追施速效性的磷、钾肥，同时要小水勤浇，保持土壤湿润，降低地温，促进蒜头肥大。蒜头收获前5天要停止浇水，防止田内土壤太湿造成蒜皮腐烂，蒜头松散，不耐贮藏。

8 病虫害防治

大蒜的病害主要有灰霉病、叶枯病、紫斑病等；虫害有蒜蛆、蓟马等。

8.1 病害

8.1.1 农业防治

精选良种，严格做好种子处理，清洁田园，有机肥一定要腐熟后使用，培育壮苗，适当稀植。

8.1.2 化学防治措施

大蒜叶枯病、灰霉病等，可用50％异菌脲可湿性粉剂1 500倍液、64％噁霜·锰锌可湿性粉剂500倍液、58％甲霜灵·锰锌可湿性粉剂500倍液喷雾防治。

8.2 虫害

8.2.1 蒜蛆

8.2.1.1 施用的有机肥要充分腐熟，并用90％敌百虫粉剂撒在肥中混匀，施用时要肥、种瓣隔离。

8.2.1.2 下种前可用种子处理剂进行浸种处理；可加生物菌肥500g浸种。浸种防治大蒜土传病害，利于苗期生长。随拌随播。

8.2.1.3 虫害发生后，用5%除虫菊素乳油400倍液灌根。

8.2.1.4 用糖醋液诱杀成虫，糖6份、醋3份、白酒1份、2.5%高效氯氟氰菊酯乳油50mL，装在盒中调匀，放在田间，待晴天诱杀。

8.2.2 蓟马

8.2.2.1 及时清除田间杂草及枯枝落叶。温暖干旱季节勤浇水，抑制葱蓟马的繁殖和活动。

8.2.2.2 用2.6%溴氰菊酯乳油和10%氯氰菊酯乳油1 500倍液混合后喷施。应在晴天喷药，收获蒜薹和蒜头前一周停止打药，保证蒜薹、蒜头质量，可结合叶面肥喷施。

9 收获

9.1 蒜薹收获

蒜薹收获的时间和方法，直接关系到蒜薹和蒜头的产量和品质，合理采薹，不仅蒜薹质量好，而且可促进蒜头的迅速膨大。采薹应按以下标准进行：一是蒜薹弯钩呈大秤钩形，苞上下应有4~5cm长呈水平状态（称甩薹）；二是苞明显膨大，颜色由绿转黄，进而变白（称白苞）；三是蒜薹近叶鞘上有4~6cm变成微黄色（称甩黄）。采薹宜在中午进行，此时膨压降低，韧性增强，不易折断。方法以提薹为佳，提薹时应注意保护蒜叶，特别要保护好旗叶，防止叶片提起或折断，影响蒜头膨大生长，降低蒜头产量。

9.2 蒜头收获

一般在采薹后18天左右开始收获，即当蒜叶枯萎，假薹变干变软，如把蒜秸在基部用力向一边压倒地面后，有韧性，此时可以收获。过早，叶片中养分尚未完全转移到鳞芽，不仅减产，也不耐贮藏；晚收，叶鞘干枯不宜编辫，遇雨蒜皮变黑，蒜头开裂发生炸瓣。

9.3 产量

苍山大蒜，蒜薹的产量一般每亩为700kg左右，蒜头的产量一般每亩为800kg左右。

附录2　有机食品　大蒜生产技术操作规程

1　范围

本标准规定了有机食品大蒜生产产地环境、生产技术、肥水管理、病虫草害防治、收获和生产档案。

2　规范性引用文件

下列文件中的条款通过本规程的引用而成为本标准的条款。凡是注日期的引用文件，其随后所有的修改单（不包括勘误的内容）或修订版均不适用于本标准，然而，鼓励根据本标准达成协议的各方研究是否可使用这些文件的最新版本。凡是不注日期的引用文件，其最新版本适用于本标准。

GB 5084《农田灌溉水质标准》

GB 15618《土地环境质量标准》

GB 3095《环境空气质量标准》

GB 321.1—GB 321.6《农药合理使用准则》

GB 4285《农药安全使用标准》

3　基地要求

3.1　基地环境

有机大蒜生产需要在适宜的环境条件下进行。有机大蒜生产基地应远离城区、工矿区、交通主干线、工业污染源、生活垃圾场等。基地的环境质量应符合以下要求：

a）土壤环境质量符合GB 15618—1995中的二级标准。

b）农田灌溉用水水质符合GB 5084的规定。

c）环境空气质量符合GB 3095—1996中二级标准和GB 9137的规定。

3.2 基地要求

3.2.1 完整性

有机基地应是完整的地块，其间不能夹有进行常规生产的地块，但允许存在有机转换地块。有机大蒜生产基地与常规地块交界处必须有明显标记，如河流、路渠、人为设置的隔离带等。

3.2.2 缓冲带

如果有机大蒜生产区域有可能受到邻近的常规生产区域污染的影响，则在有机大蒜和常规生产区域之间必须设置缓冲带或物理障碍物，以防止邻近常规地块的禁用物质的漂移，保证有机大蒜生产地块不受污染。隔离带为自然植被，一般不少于10m。若隔离带有种植的作物，必须按有机方式栽培，但收获的产品只能按常规产品出售。

4 生产技术

4.1 种子选择

蒜种应选择有机大蒜种子，且具有该品种特性、个大、颜色一致、蒜瓣数适中、无虫源、无病菌、无刀伤、无霉烂的蒜头，单瓣重5～7g为宜。在市场上无法获得有机种子时，允许使用常规种子，但应制定获得有机种子的计划。

4.2 清洁田园

前茬作物收获后，要彻底打扫、清洁基地，将病残体全部运出基地外销毁或深埋，以压低病虫基数。

4.3 整地做畦

土地整平后，要深耕20～25cm。耕翻后，适当晒垡，然后耙地，做到耙透、耙平、耙实，消灭明暗坷垃，达到上松下实。根据不同的种植方式做成平畦、高畦，平畦宽1m或2m，畦埂宽30～40cm；高畦宽60～80cm，沟宽20～25cm，沟深20cm。

4.4 播种

4.4.1 播种时间

大蒜的适宜播期为10月1—15日，最佳播期为10月5—10日。

4.4.2 播种方法

开沟播种，沟深5cm，深浅一致，蒜瓣大头向下，种瓣腹背连线与行向平行，覆土1～1.5cm。

4.4.3 播种密度

苍山大蒜种植的适宜密度为28 000～35 000株/亩。

4.4.4 覆膜

选择厚度为0.005～0.006mm，宽度为200～400cm规格的地膜。覆膜时，必须将地膜拉紧、拉平，使其紧贴地面，膜的两侧要压紧。

4.5 放苗

播种后灌水4天左右，蒜苗出土1/5～1/3时，进行放苗。可在清早用用扫帚拍，2～3天。不能破膜的，用铁钩人工放苗。

4.6 肥水管理

4.6.1 施肥

4.6.1.1 允许使用的肥料：允许使用有机肥、绿肥和天然矿质肥料，一般采用自制的腐熟有机肥或采用通过有机认证机构的商品有机肥，在使用自己沤制或堆制的有机肥料时，必须充分腐熟。绿肥具有固氮作用，种植绿肥可获得较丰富的氮素来源，并可提高土壤有机质含量。

4.6.1.2 肥料的无害化处理：有机肥在施用前2个月需进行无害化处理，将肥料泼水拌湿、堆积、覆盖塑料膜，使其充分发酵腐熟。发酵期堆内温度高达60℃以上，可有效杀灭堆肥中带有的病虫及杂草种子，且处理后的肥料易被大蒜吸收利用。

4.6.1.3 肥料的使用：①施肥量：有机肥养分含量低，用量要充足，以保证有足够的养分供给。生产有机大蒜一般每亩施腐熟畜禽粪便3 000～5 000kg或饼肥300～400kg或精制有机肥400～500kg。（必须是来自有机农业体系内的或有机农业体系外的且满足堆肥要求、外购的必须通过有机认证机构认证或许可）。②施足底肥：将施肥总量80%用作底肥，结合耕地将肥料均匀地混入耕作层内，以利于根系吸收。③巧施追肥：结合"壮苗水""催薹水"，冲施"壮苗肥""催薹肥"，一般每亩冲施允许使用的可溶性有机肥20～30kg。

4.6.2 浇水

4.6.2.1 出苗水：播种后，要适时浇水，浇水的适宜时间为播种后2～3天，并浇足浇透，以确保苗齐苗壮、易于放苗、不烧苗。

4.6.2.2　越冬水：根据墒情和天气，适时浇好越冬水。越冬水有利于沉实土壤、平衡地温，确保蒜苗安全越冬，并为早春大蒜返青提供良好的水分供应，弥补早春地温低不能浇水的不足。正常年份，12月上中旬浇越冬水（掌握在强寒流侵袭前）。

4.6.2.3　壮苗水：4月上旬，地温稳定在13～15℃时，浇"壮苗水"。此时地温尚低，要浇小水。

4.6.2.4　催薹水：4月下旬，浇"催薹水"。此时地温已高，大蒜正值旺盛生长期，浇水量可大些。

4.6.2.5　催头水：5月上旬，拔完蒜薹后，浇"催头水"。此时正值蒜头膨大期，需要充足的水分和不太高的地温，故要浇大水，浇足浇透。

4.7　病虫草害防治

4.7.1　农业防治

4.7.1.1　合理轮作：大蒜连作会产生障碍，加剧病虫害发生。有机大蒜生产中必须合理轮作，能够在生态环境上改变和打乱病虫发生的规律，减轻病虫的发生和危害。轮作作物必须按有机生产管理。

4.7.1.2　科学管理：推行深耕、增施生物有机肥、高畦栽培，营造有利于大蒜生长、不利于病虫害发生的生态环境。此外，及时清除病株、杂草，清洁田园，消除病虫害的中间寄主和侵染源。

4.7.2　物理防治

可采用糖醋盆诱杀种蝇、石硫合剂或波尔多液矿物制剂预防大蒜病害。一般于3月下旬将糖醋盆（醋、糖、水、酒按4∶3∶2∶1的比例混合，每盆1kg混合液）均匀分布在田间，每亩放置20盆；3月下旬及下雨或浇水前后，喷施石硫合剂或波尔多液预防大蒜病害。下茬作物可利用害虫固有的趋光、趋味性来捕杀，如利用费洛蒙性引诱剂、黑光灯捕杀害虫，利用蓝板及黄板诱杀蚜虫等方法。利用防虫网罩栽培可有效防治蒜蛆。

4.7.3　生物防治

可采用藜芦碱、鱼藤酮等生物制剂防治蒜蛆，于4月上旬浇"壮苗水"时，每亩用0.5%藜芦碱可溶性剂100～125g，兑水600～800倍灌根；用2.5%鱼藤酮乳油300～400倍液灌根。禁止使用化学农药防治。

4.7.4 杂草控制

采用限制杂草生长发育的栽培技术（如深耕、黑色地膜覆盖等）控制杂草；使用秸秆覆盖除草；人工除草；采用机械和电热除草；禁止使用基因工程产品和化学除草剂除草。

4.8 收获

4.8.1 蒜薹收获

蒜薹顶部开始弯曲，薹苞开始变白时为采收时期，采取徒手拔薹。拔薹时间最好在晴天中午和午后进行，此时植株的叶鞘与蒜薹容易分离，并且叶片有韧性，不易折断，可减少伤叶。

4.8.2 蒜头收获

蒜头的收获标准为：大蒜植株的基部叶片干枯，上部叶片逐渐呈现枯黄，顶部叶片3～4片保持绿色；观察蒜头，蒜瓣背部已凸起，瓣与瓣之间沟纹明显。时间一般在拔完蒜薹后15～20天。收获时一定要用蒜秸将蒜头盖好，以防太阳暴晒造成蒜头糖化；挖出蒜头后要就地晾晒1～2天，然后剪秆、削胡、分级、晾晒、贮藏。

5 生产档案

5.1 建立生产技术档案。

5.2 记录产地环境、生产技术、肥水管理、病虫草害防治和收获等相关内容。

附录3 大蒜等级规格

ICS 67.080.20
B 31

中华人民共和国农业行业标准

NY/T 1791—2009

大 蒜 等 级 规 格

Grades and specifications of garlic

2009-12-22 发布　　　　　　　　　　2010-02-01 实施

中华人民共和国农业部 发布

前　言

本标准由农业部种植业管理司提出并归口。

本标准起草单位：河南省农业科学院农业质量标准与检测技术研究中心，农业部农产品质量监督检验测试中心（郑州）。

本标准主要起草人：雷郑莉、张玲、张军锋、尚兵、汪红、魏红、许超、祁玉峰、任红、贾斌、钟红舰、胡京枝。

大蒜等级规格

1　范围

本标准规定了大蒜的术语和定义、要求、抽样、包装、标志与标识及参考图片。

本标准适用于干燥大蒜的分等分级。

2　规范性引用文件

下列文件中的条款通过本标准的引用而成为本标准的条款。凡是注日期的引用文件，其随后所有的修改单（不包括勘误的内容）或修订版均不适用于本标准，然而，鼓励根据本标准达成协议的各方研究是否可使用这些文件的最新版本。凡是不注日期的引用文件，其最新版本适用于本标准。

GB/T 191　包装储运图示标志

GB/T6543　运输包装用单瓦楞纸箱和双瓦楞纸箱

GB/T 8855　新鲜水果和蔬菜　取样方法

GB/ T 8946　塑料编织袋

GB/T 8947　复合塑料编织袋

GB 9687　食品包装用聚乙烯成型品卫生标准

GB 9688　食品包装用聚丙烯成型品卫生标准

NY/T 1655　蔬菜包装标识通用准则

QB/T 3810　塑料网眼袋

定量包装商品计量监督管理办法国家质量监督检验检疫总局令　2005年第75号

3　术语和定义

下列术语和定义适用于本标准。

3.1　大蒜　garlic

百合科（Liliaceae）葱属中以蒜瓣（鳞芽）构成鳞茎的栽培种，收获后经晾

晒干燥，切除须根并保留一定长度蒜梗的蒜头。鳞茎不分瓣，只有一个圆球状蒜瓣的蒜头为独头蒜。

3.2 横径 diameter

蒜头最大横断面的直径。

3.3 梗长 stem length

蒜头顶端到蒜梗顶部的距离。

3.4 发芽蒜 germinating garlic

蒜瓣内的幼芽萌发长出蒜瓣的蒜头。

3.5 空腔蒜 wrinkled cavity

蒜瓣萎缩形成空壳的蒜头。

4 要求

4.1 等级

4.1.1 基本要求

大蒜应符合下列基本要求：

——同一品种或相似品种；

——成熟、完整；

——最外层鳞片完全干燥，表皮基本清洁；

——无霉变、腐烂、变色、虫害、冻害、损伤和异味；

——无发芽蒜、缺瓣蒜、空腔蒜和外来异物。

4.1.2 等级划分

在符合基本要求的前提下，大蒜分为特级、一级和二级。各等级应符合表1的规定。

表1 大蒜等级

等级	要求
特级	同一品种，色泽一致，形状规则，坚实饱满，蒜头外皮完整，无机械伤，无根须、蒜皮、蒜茎、空腔蒜等；梗长1.5～2.0cm。
一级	同一品种，色泽基本一致，形状较规则，坚实饱满，蒜头外皮基本完整，无机械伤，无根须、蒜皮、蒜茎、空腔蒜等；梗长1.0～2.5cm。

等级	要求
二级	同一品种或相似品种，较坚实饱满，允许外皮有少量裂痕或剥落，允许有少量形状不规则蒜，允许有轻微机械伤以及带少量根须和蒜皮、根须、蒜茎、空腔蒜等；梗长1.0～3.0cm。
注：独头蒜梗长小于1.0cm。 交易双方对梗长有特殊要求的可按双方协议执行。	

4.1.3 等级允许误差

按其质量分数计：

a）特级允许有5%的产品不符合该等级的要求，但应符合一级的要求；

b）一级允许有8%的产品不符合该等级的要求，但应符合二级的要求；

c）二级允许有10%的产品不符合该等级的要求，但应符合基本要求。

4.2 规格

4.2.1 规格划分

以蒜头最大横径为划分大蒜规格的指标，横径每间隔0.5cm作为一种规格，规格的划分应符合表2的规定。

表2 大蒜规格　　　　　　　　　　　　　　　　　　　　单位为厘米

规格	4.5	5.0	5.5	6.0
蒜头横径	4.5～5.0	5.0～5.5	5.5～6.0	≥6.0
注：山东苍山、云南等地小型大蒜的规格划分可向下顺延不超过1cm；独头蒜规格划分可向下顺延不超过2cm。				

4.2.2 规格允许误差

按其质量分数计：

a）特级允许有5%的产品不符合该规格的要求，但应符合相邻规格的要求；

b）一级和二级允许有10%的产品不符合该规格的要求，但应符合相邻规格的要求。

5 抽样

5.1 抽样方法

按GE/T 8855的规定执行。

5.2 抽样数量

抽样数量按表3的规定执行。

表3 抽样数量

批量件数	≤100	101~300	301~500	501~1 000	>1 000
抽样件数	5	7	9	10	15（最低限度）

6 包装

6.1 基本要求

同一包装内应为同一等级和同一规格的产品，包装内的产品可视部分应具有整个包装产品的代表性。

6.2 包装材料

可用编织袋、网眼袋或纸箱包装。包装材料应清洁、干燥、牢固、透气、无污染、无异味。网眼袋应符合QB/T 3810和GB 9687、GB 9688的规定，编织袋应符合GB/T 8946或GB/T 8947的规定，纸箱应符合GB/T 6543的规定，并有透气孔。

6.3 包装方式

大容量网眼袋包装中部应有加固材料；纸箱包装内应有网袋。

6.4 净含量及允许短缺量

单位包装净含量应根据销售和运输要求确定。其允许短缺量应符合国家质量监督检验检疫总局2005年第75号令的规定，见表4。

表4 单位包装允许短缺量

标注净含量（Q_n） kg	允许短缺量（T）	
	%	g
1~10	1.5	—
10~15	—	150
15~50	1	—

6.5 限度范围

每批受检样品不符合等级、规格要求的允许误差，按所检单位的平均值计算，其值不应超过规定的限度，且任何所检单位的允许误差值不应超过规定值的2倍。

7 标志与标识

包装物上应有明显标识，并符合NY/T 1655的要求。内容包括产品名称、等级、规格、产品标准号、生产者（或包装者）名称和详细地址、产地、净含量、采收日期和包装日期（必要时）等。标注内容要求字迹清晰、规范、完整。储运图示标志应符合GB/T 191的规定。

8 参考图片

8.1 大蒜包装方式实物参考图片

大蒜包装方式实物参考图片见图1。

网眼袋包装   编织袋包装   纸箱包装

图1 大蒜包装方式实物参考图片

8.2 大蒜各等级实物参考图片

大蒜各等级实物参考图片见图2。

| 特级 | 一级 | 二级 |

图2　各等级大蒜实物参考图片

8.3　大蒜不同规格实物参考图片

大蒜不同规格实物参考图片见图3。

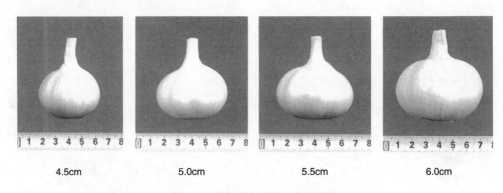

| 4.5cm | 5.0cm | 5.5cm | 6.0cm |

图3　不同规格大蒜实物参考图片

附录4　关于批准对苍山大蒜实施地理标志产品保护的公告

国家质量监督检验检疫总局公告2007年第154号

根据《地理标志产品保护规定》，国家质检总局组织了对苍山大蒜地理标志产品保护申请的审查。经审查合格，现批准自即日起对苍山大蒜实施地理标志产品保护。

一、保护范围

苍山大蒜地理标志产品保护范围以山东省苍山县人民政府《关于申请给予苍山大蒜地理标志产品保护的请示》（苍政请[2006]20号）提出的范围为准，为山东省苍山县神山镇、磨山镇、卞庄镇、沂堂镇、仲村镇、贾庄乡、三合乡、南桥镇、长城镇、二庙乡、层山镇、兴明乡、兰陵镇等13个乡镇现辖行政区域。

二、质量技术要求

1. 品种

蒲棵。

2. 立地条件

土壤类型为沙质壤土、壤土或沙姜黑土，要求地势较平坦，地下水位较低，土壤的pH值为7.0～8.0，有机质含量≥1.0%。

3. 栽培管理

（1）选种。选择符合本品种特征、发育良好、无检疫性病虫害和机械损伤、蒜瓣大小均匀的留种。

（2）施肥。每亩施充分腐熟有机肥≥4 500kg，过磷酸钙40～60kg，钾肥50～60kg，腐熟的棉籽饼或豆饼80～120kg。

（3）播种。9月下旬至10月上旬播种，栽种密度每亩≤35 000株。

（4）田间管理。及时浇越冬水和返青水；蒜薹伸长期和鳞芽膨大期要保持土壤湿润，及时追肥。

4. 收获与储藏

（1）收获。蒜叶枯萎，假茎变软，即可收获。

（2）储藏。蒜头收获后，就地晾晒，待蒜秸干后再行堆垛，注意防雨。

5. 质量特色

（1）感官特征。白皮，瓣大均匀，直径≥4.5cm。

（2）理化指标。大蒜素含量≥0.079%，钾含量≥520mg/100g，总氨基酸含量≥5.0%。

三、专用标志使用

苍山大蒜地理标志产品保护范围内的生产者，可向山东省苍山县质量技术监督局提出使用"地理标志产品专用标志"的申请，由国家质检总局公告批准。

自本公告发布之日起，各地质检部门开始对苍山大蒜实施地理标志产品保护措施。

特此公告。

附录5 企业风采

兰陵县大蒜产业商会简介

兰陵县是一个以蔬菜生产为主的农业大县，被誉为"中国蔬菜之乡""山东南菜园"。而大蒜产业在整个蔬菜产业中又占据着重要地位，2006年，苍山大蒜获得了国家质检总局"地理产品保护"和"原产地证明商标"，2009年在"首届中国农产品区域公用品牌建设论坛"上，苍山大蒜在全国600多个主要农产品价值评估中，以47.43亿元列第七位。作为"中国大蒜之乡"，近年来，县委、县政府高度重视大蒜种植和产业发展，加强对产地环境、农业投入、生产过程、包装标识、市场准入五个环节的管理，建立了质量安全标准，监测，认证，执法监督，技术推广和市场信息六大体系，提高了产品质量，增强了产品竞争力。目前，兰陵县大蒜种植面积30余万亩，产值达到35亿元，以蒜薹，大蒜为主的冷藏企业300余家，大蒜深加工企业200余家，大蒜产业呈现了蓬勃发展之势。

为了进一步加快兰陵县大蒜种植产业规范化、科学化、现代发展进程，同时，根据县委县政府的有关指示和要求，以旭升食品有限公司、金泉蔬菜种植合作社、立润食品有限公司、旭卓食品有限公司为首的大蒜经营企业，牵头发起成立了兰陵县大蒜产业商会，并于2020年6月6日成立。县委县政府领导、大蒜经营企业200多家、个体会员46人参加，会议选举了旭升食品有限公司徐登亮为兰陵县大蒜产业商会会长，并通过了商会业务范围。金泉蔬菜种植专业合作社付印平为兰陵县大蒜产业商会秘书长。

（1）组织大蒜行业培训、大蒜新品种推广、大蒜种植技术咨询、大蒜产业信息交流、大蒜会展招商以及大蒜衍生产品推介等。

（2）参与大蒜行业发展、大蒜行业改革以及与大蒜行业利益相关的政府决策论证，提出有关大蒜产业政策的建议。

（3）根据大蒜商会章程或行规行约，制定大蒜行业质量规范、技术规程、

服务标准。参与本县或者国家有关大蒜行业产品标准的制定。

（4）通过法律、法规的授权，开展大蒜行业统计、大蒜行业调查、发布大蒜行业信息等工作。

（5）监督会员单位依法经营，对于违反商会章程和行规行约，达不到质量规范、服务标准、损害大蒜从业者合法权益、参与不正当竞争，致使大蒜行业集体形象受损的会员，行业商会可以根据章程的规定采取相应的处理措施。

兰陵县大蒜商会将把商会建成民主、和谐、阳光的商会；牢固树立创新意识，用创新的机制促进商会的发展，牢固树立服务意识，为会员企业多办实事，多办好事，增加商会的号召力、亲和力、凝聚力，充分发挥好商会的职能作用把商会建设成"道相同，利相共，心相通"的商会组织，为全县经济建设和社会发展献计献策，以实际行动回报社会，让大家认可，让社会满意。

会　长：徐登亮　联系电话：13969977888

秘书长：付印平　联系电话：13583963918

兰陵县旭升食品有限公司简介

　　兰陵县旭升食品有限公司成立于2018年3月，法人徐登亮，现有从业员工86人，主营：大蒜深加工、蒜片、蒜米、大蒜、蒜薹蔬菜冷藏等业务，公司主营的蒜米蒜片年销量超过1.5万t，产品畅销国内大型农贸市场。2020年6月，徐登亮牵头成立兰陵县大蒜产业商会，当选大蒜产业商会会长。多年来秉承诚信搞经营，诚信为社会的经营理念，艰苦创业，诚信经营，多年来支持社会福利事业，努力树立新时代民营企业的良好形象，今后将全力为兰陵县蒜农服务，为兰陵县发展做贡献。

　　法人：徐登亮　联系电话：13969977888

兰陵县金泉蔬菜种植专业合作社简介

兰陵县金泉蔬菜种植专业合作社成立于2012年4月，位于山东省兰陵县磨山镇。

理事长付印平，2013年被评为县龙头企业优秀个人称号。2016年大力发展新型健康功效性农业，改善蒜薹口感。同年被评为市安全生产标准化企业。2018年投资一千万元建设污水处理设施，建设大蒜脱水处理设备2条生产线，蒜米生产线6条。2020年6月6日，担任兰陵县大蒜产业商会秘书长；被评为县工会工友创业优秀个人称号。

合作社理事长：付印平 联系电话：13583963918

蒜米加工车间	储存室	大蒜
蒜薹	蒜米	蒜片

兰陵县金亿发食品有限公司简介

兰陵县金亿发食品有限公司,成立于2012年6月,坐落于兰陵县芦柞镇振兴东路1号,是一家拥有万吨冷藏库、收购、加工、销售于一体的现代化食品有限公司。2015年被评为山东省临沂市重点龙头企业,2016年被评为山东省省级农业标准化生产基地,2017年3月被中共兰陵县县委评为新型农业先进单位,2017年6月被评为中国蔬菜流通协会副会长单位,2018年3月被临沂市促贸会评为优秀会员企业。

公司现有员工200人,技术人员10人,是出口大蒜和各种蔬菜加工于一体的综合性商贸平台。公司总面积1万多m²,投资总金额3 900万元,每年出口大蒜30 000t,保鲜蒜米3 000t,连体大蒜2 000t,牛蒡2 000t,年销售3亿元。

公司建有全新高标准保鲜冷库,并配有先进的实验室,能够进行食品各项检测,满足国内外市场的需求。公司有健全的卫生管理体系,并制订有一套完善、科学、合理的质量管理体系文件,运行国际标准化ISO 22000体系的管理。公司本着"质量第一,顾客至上"的方针,奉行"高效、稳健、开拓、进取"的企业宗旨,以做知名品牌,创行业奇迹为目标,以优质的服务,科学规范的管理,实现了经济效益与社会效益并举,使企业走上健康成长的道路。

负责人:宋加才

联系电话: 539-5361678   18369598999/13854967888

传真: 539-5368666

邮箱: csgarlic@126.com

兰陵县越洋食品有限公司

兰陵县越洋食品有限公司，位于兰陵县东部神山工业园区，紧靠京沪高速和206国道。公司始建于1985年，占地面积6万m²，现有员工600人，拥有年生产能力2000t蔬菜脱水生产线两条；年生产能力500t油炸生产线一条，有蔬菜保鲜生产线一条及为生产配套的恒温库19座，年储存保鲜能力5000t，其中保鲜大蒜3000t。2005年度获得山东省人民政府授予"省级农业产业化龙头企业"。

公司生产的主要产品有：脱水蒜片、蒜粒、蒜粉、油炸蒜片、油炸洋葱、保鲜蒜薹、大蒜等。产品主要销往国内各大蔬菜批发市场及日本、东南亚等国家和地区。

公司自2016年起响应国家扶贫战略号召，积极参与当地扶贫工作，于2016年起主动结对帮扶后杨官庄村20户贫困户，除给予现金帮助外，积极引导各户发展生产，吸纳有能力的贫困户人员10人到公司就业，从事力所能及的工作。

以"诚信、友善、进取"为企业精神，在与客户建立良好合作关系、谋取共同发展的同时，促进当地农业产业化的发展，为农民拓展致富门路。

董事长、总经理：李凤志　联系电话：13805498425

兰陵县立润食品有限公司简介

　　兰陵县立润食品有限公司，位于兰陵县芦柞镇前吴坦村东侧，是一家拥有自营进出口权的企业，公司成立于2013年7月，注册资金1 000万元，公司占地面积26 996m^2，建筑面积12 866m^2，拥有恒温库22座，库存大蒜21 000t，保鲜加工车间一座，公司主要以生产经营出口保鲜蔬菜产品为主，主要产品有大蒜、蒜米、蒜薹、生姜及姜块、牛蒡等，苍山大蒜主要发往印度尼西亚、韩国，东南亚等国家及地区。

　　负责人：周广华　联系电话：13805398239

兰陵县永顺商贸有限公司

兰陵县永顺商贸有限公司位于长城镇。公司于2009年3月注册成立，注册资本6 000万元人民币。2009年11月被临沂市人民政府评为"市级农业产业化龙头企业"，2018年被评为"省级龙头企业"，2019年被列为市重点项目。

公司占地110余亩，配有300人同时食宿的职工综合体、加工厂房及生产车间40 000m²，主要经营大蒜保鲜加工、蒜片、蒜米保鲜冷藏、泡菜生产等。为客户配资、代存、代加工、代销售、生产订单等全方位业务，是一个集生产、储存、加工、销售于一体的综合性外向型企业，低温冷藏保鲜能力2万t，有30个冷藏保鲜库，蒜片脱水生产线7条，年加工蒜片3万t、蒜米脱水生产线7条，年生产蒜米6万t，深加工泡菜加工车间，年产泡菜2万t，可带动周围就业人群500多人。

公司自建大型污水处理池，配套大型污水处理设备。公司本着"客户至上，信誉第一"的原则，严格内部管理，严把产品质量，不断开拓国内国际两大市场，扩大生产规模，逐年提高生产能力。目前，已发展成为集蔬菜保鲜、生产、加工、销售为一体的大型农产品加工龙头企业。

负责人：樊加利　联系电话：15969959888

山东旭卓食品有限公司简介

山东旭卓食品有限公司，是一家专业进出口有限公司，法人代表张广学。公司主要经营大蒜、蒜薹、牛蒡、速冷蒜米等农副产品。公司主要出口美国、韩国、巴西、印度尼西亚、新加坡、东南亚等国家及地区。年出口大蒜10 000t。

张广学，兰陵县工商联青年创业商会会长、兰陵县大蒜产业商会常务副会长、兰陵县孤贫儿童团常务副团长、兰陵县十大杰出青年。多年来始终秉承诚信搞经营、诚心为社会的理念，艰苦创业、诚信经营、热心公益、无私奉献，树立新一代民营企业家的良好形象。在疫情期间，作为兰陵县工商联青年创业商会会长，他积极组织商会会员为武汉同济医院捐赠价值15万元的大蒜、蔬菜等生活物资。体现了新时代非公经济人士的社会担当。

法人：张广学 联系电话：13792996988

兰陵县祥和蔬菜专业合作社简介

兰陵县祥和蔬菜专业合作社位于兰陵县向城镇驻地，成立于2016年6月，注册资金200万元，法人代表为何令凯。

现有标准化恒温仓库、标准化冷库、普通仓库、包装车间、加工车间、产品配送区、接待服务区等面积3 300m²。拥有蒜米加工一体化流水设备。从业上岗人员20名，技术人员5名。厂内设置污水净化处理设备与若干垃圾处理设施。

本着"诚信无价、合作生金"的运营理念，合作社主要采取两种运营形式，一方面线下销售、生产大蒜和蒜米，并且进行蔬菜加工储存，向全国各地的蔬菜市场、生鲜超市销售。另一方面电商线上销售，主要销售商品为大蒜，产品类别10余种，与邮政、百世、申通等多家快递公司建立合作，自线上销售以来共计出库大蒜约10万余件，每天出库1 000～1 500件。

合作社根据自身条件，与定点农产品批发市场建立合作，消除销售壁垒，带动周边脱贫致富，助推当地农业发展；同时，也促进当地农民就业，使部分百姓离土不离乡，增加了农民收入，百姓受益匪浅。

法人：何令凯　联系电话：15266661799

储存室　　　　　　　　大蒜　　　　　　　　蒜米

兰陵县同源益民生物科技有限公司

山东兰陵县同源益民生物科技有限公司,成立于2017年9月,主要从事苍山蒜辣素的生产和销售,企业法人为王伯华,公司生产面积2 000m²,公司采用苍山优质大蒜和专利技术,以及世界领先的常温超活化生物萃取原理,解决了长期以来大蒜制品不能有效萃取活化物质,并长期保存其生物活性的技术难题,保住了大蒜内活性物质及营养成分。采用的常温超活化生物萃取原理的生产技术是获得美国专利发明(专利号:US5675906)、中国实用专利(专利号:201810568705.1)的高科技专利技术,使它能获得高浓度的大蒜生物活性物质,特别是大蒜辣素(ALLICIN)和大蒜素(二烯丙基三硫)等,苍山蒜辣素还高倍浓缩了大蒜中多种营养成分和微量元素,可以增强人体免疫力,消炎杀菌。

法人:王伯华　联系电话:15265966888

兰陵县鑫利达食品有限公司简介

兰陵县鑫利达食品有限公司成立于2002年，公司位于兰陵县城抱犊崮路北段，占地面积32 800m²，公司注册资本2 360万元，由兰陵县工商行政管理局颁发企业法人营业执照，固定资产总值5 092万元。

现有职工360人，其中专业技术人员76人，农艺师1人，工程师1人，是集蔬菜冷藏、蔬菜初级加工；房地产开发销售的综合型企业。2006年10月被授予市级龙头企业以来，公司先后荣获出口创汇先进企业、农业产业化龙头企业、省农行AA级信用企业、蔬菜贸易商会优秀会员企业等。

公司总经理葛明学现任"兰陵县人大代表""兰陵县人大常委会常委""兰陵县劳动模范""兰陵县优秀共产党员""临沂市优秀企业家""临沂市政治工作先进工作者"等。

总经理：葛明学　联系电话：13905390888

兰陵县大全大蒜研究所简介

兰陵县大全大蒜研究所，2017年9月注册成立，注册资金100万元。是一个民办非企业单位。

2018年5月，在神山老屯村举办第一届大蒜观摩会，展示研究所研究成果26个品种；2019年6月参与了中国兰陵第一届大蒜博览会，对兰陵县大蒜产业发展起到了推动作用；2020年参与了县里组织的大蒜产品网上直播活动。

目前，正在肥料、气蒜、降解膜、除草剂、天蒜等方面进行实验示范，带动蒜农致富，带动兰陵县大蒜产业向优良品种、高产高附加值发展。

负责人：马柱山 联系电话：18053917666

兰陵县添茂蔬菜食品有限公司简介

兰陵县添茂蔬菜食品有限公司位于兰陵县兰陵镇西横沟崖村南，法人孙启辉，公司占地面积4 000多m²，现有正式上岗工人40人，具有标准化仓库、标准化生产车间及一流的蒜米加工流水线等，同时，积极响应国家保护生态环境的号召，配备了齐全的垃圾处理设备。

主要经营大蒜、蒜米、蒜薹。具有专业蒜米生产线，年产蒜米3万t。

公司将继续加强管理，把公司管理建设和管理纳入法制化、规范化轨道。成立蔬菜基地建设领导小组，加强对蔬菜产业发展的服务与指导，制定完善配套政策和实施办法，确保工作落到实处。公司继续将百姓的利益放在首位，带领百姓发家致富，将兰陵镇蔬菜产业做大做强。

法人：孙启辉　联系电话：15206391118

兰陵县利发蔬菜食品有限公司简介

兰陵县利发蔬菜食品有限公司成立于2006年7月，位于兰陵县城经济开发区北园路北侧，环境优美，交通便利。西临鲁南无公害蔬菜基地，资源丰富。

厂区占地面积18 000m²，建筑面积12 000m²，固定资产1 300万元。公司职工总人数50多人，各类专业技术人员10余人，建有速冻蔬菜生产加工线一条，保鲜大蒜、保鲜蒜米加工线一条，两个低温贮藏库，五个恒温贮藏库，配置一条生产速冻产品的加工流水线，年生产能力5 000t，一条保鲜大蒜、保鲜蒜米生产加工流水线，每年生产加工能力3 600t，生产加工和储存均按照《出口食品生产企业安全卫生要求》进行规划和设计，对保证产品卫生质量体系有效的运行打下了良好的基础，确保了产品质量的稳定。

公司主导产品——冷冻蒜米、蒜片、蒜丁、蒜泥、保鲜大蒜、保鲜蒜米等产品，公司从种植基地到产品加工销售建立了可靠的产品溯源体系，常年销往欧洲、日本、韩国、加拿大、阿联酋及东南亚国家，多年来受到国外客户的一致好评。

公司本着"诚信、互赢"的企业精神，高起点、严要求，始终保持以质量求生存、以信誉求发展的理念，不断推行和强化质量管理，产品质量不断稳定提升，深受用户信赖和支持。公司以科学的现代化管理，超前的市场意识，争创农业与社会的双重效益。

工厂地址：兰陵县经济开发区北园路北侧

法人代表：周如洲　联系电话：13705395379

邮箱：lifashipin@126.com

临沂市银昊蔬菜有限公司

　　临沂市银昊蔬菜有限公司，坐落于山东省兰陵县长城镇冯村，注册总资金4 300万，总投资8 000万元，占地面积3万m²，建筑面积2万m²。法人代表：徐浩。2012年获得市级龙头企业称号。

　　公司利用原产地优势，实现蔬菜冷藏及生产经营加工销售一体化服务，并在上海、北京、南京、苏州、杭州、广州、兰州、常州、嘉兴等地建立蔬菜销售市场。公司现有恒温库15座、现代化加工车间2座、仓库8间，其中蒜米生产加工车间及生产设备安装，均按国家最高标准需求进行设计，采用国内最先进的加工设备，及加工配套设施，拥有环评手续，日生产蒜米100t。

　　公司以"食品安全"为关注焦点，本着"诚信经营，质量第一，顾客至上，合作共赢"的方针进行生产经营，实现社会效益和经济效益双丰收。

　　法人：徐浩　联系电话：18953963222

临沂清源食品有限公司

临沂清源食品有限公司坐落于山东省兰陵县邓王山路55号，是一家与芬兰合资成立的食品生产加工出口企业。总投资1.6亿元，占地面积66亩。配套研发中心、品管中心，其中成品库1万t，原料库1.6万t，是山东省新旧动能转换十强产业项目。

公司引进两条全自动高标准速冻蔬菜生产流水线，全自动计量、灌装、包装同步完成，采用全球最先进的食品冷杀菌技术；实现了从田头到餐桌全过程的溯源追踪，公司拥有多项技术专利，产品远销欧美、日韩等国家。

为消费者提供安全健康放心的产品是我们的宗旨。

为消费者提供尽善尽美的产品是我们永恒的追求。

董事长：董恩贞　联系电话：13305396091

参考文献

陆帼一，程智慧，2009. 大蒜高产栽培. 第二版[M]. 北京：金盾出版社.

顾智章，2011. 大蒜栽培与贮藏. 第二版[M]. 北京：金盾出版社.

陈功，2018. 大蒜加工实用技术[M]. 成都：四川科学技术出版社.

孔素萍，2019. 大蒜优质高产栽培技术[M]. 北京：中国科学技术出版社.